大气压放电等离子体生物效应

Biological Effects of Atmospheric Pressure Discharge Plasma

宋智青　丁昌江　著

化学工业出版社

·北京·

内容简介

本书基于作者的研究成果，介绍了大气压放电等离子生物效应，包括电晕放电等离子体对种子的生物效应、等离子体及其活化水对种子基因表达影响、放电等离子体对微生物诱变研究。通过多针-板空气放电等离子体对蒙古沙冬青、裸燕麦、紫花苜蓿、沙打旺的实验研究，探索了不同放电参数、工作气体的针-板介质阻挡放电特性和规律，利用放电等离子体及等离子体活化水协同处理方法提高活性粒子在种子中的穿透深度，进而提高种子致死率，增加基因表达差异，相关成果为等离子体植物诱变育种研究提供了实验和理论基础。

本书可供低温等离子体、植物、微生物诱变育种研究等相关领域人员参考使用。

图书在版编目（CIP）数据

大气压放电等离子体生物效应/宋智青，丁昌江著. —北京：化学工业出版社，2023.6（2023.8 重印）
ISBN 978-7-122-43122-6

Ⅰ. ①大… Ⅱ. ①宋… ②丁… Ⅲ. ①大气压-放电-等离子体-生物效应-研究 Ⅳ. ①O53

中国国家版本馆 CIP 数据核字（2023）第 045088 号

责任编辑：韩霄翠
文字编辑：张瑞霞
责任校对：宋　玮
装帧设计：王晓宇

出版发行：化学工业出版社
　　　　　（北京市东城区青年湖南街 13 号　邮政编码 100011）
印　　装：北京建宏印刷有限公司
710mm×1000mm　1/16　印张 11　彩插 5　字数 177 千字
2023 年 8 月北京第 1 版第 3 次印刷

购书咨询：010-64518888
售后服务：010-64518899
网　　址：http://www.cip.com.cn
凡购买本书，如有缺损质量问题，本社销售中心负责调换。

定　　价：88.00 元　　　　　　　　　　　　　版权所有　违者必究

低温等离子体可以在常温大气压下通过高电压气体放电产生，由于大气压放电等离子体包括各种自由基、带电粒子、激发态粒子、紫外线、电场等多种活性成分，被广泛应用于植物、微生物生物效应研究和食品果蔬干燥及解冻研究。近年来，本课题组针对放电等离子体在植物诱变育种领域存在的关键科学问题，如活性粒子穿透深度低、对种子存活率无显著影响等，自行设计组装，并逐步完善形成一套"针阵列-板介质阻挡放电等离子体生物技术装置"，在完善的过程中利用系列不同时期的高压放电等离子体装置进行了植物、微生物生物效应及食品干燥解冻研究，特别是近年来课题组利用放电等离子体及等离子体活化水协同处理方法提高活性粒子在种子中的穿透深度，增加基因表达差异，进而提高种子致死率，研究成果为等离子体植物诱变育种研究提供了实验和理论基础。

21世纪初，编者两人有幸先后跟随梁运章教授、罗辽复教授攻读硕士和博士学位，进入生物物理领域，开始了高电压技术、低能离子束技术、放电等离子体技术在食品、生物学、农业领域的应用研究，20年来取得了较多成果。本书的研究成果得到了国家自然科学基金项目"高压电晕电场对藜麦苜蓿的诱变机制研究（51767020）"、国家自然科学基金项目"放电等离子体及其活化水联合作用对蒙古冰草的诱变机制研究（12265021）"、内蒙古自治区科技计划项目"不同气源电晕放电等离子体辐射诱变技术装备研发及黑曲霉菌种选育（2020GG0280）"、内蒙古自治区自然科学基金项目"高压电场作用下大肠杆菌基因组突变研究（2015BS0311）"、内蒙古自治区自然科学基金项目"针-板高压电场处理沙打旺的生物效应及机制研究（2019MS06025）"等项目的支持，还得到了内蒙古工业大学研究生核心课程建设项目"等离子体物理基础（YHX202117）"的支持。我们依托内蒙古工业大学放电等离子体与功能材料应用实验室，将具有"装置简单易制、生物效应明显、环境友好"等优点的高电压放电等离子体技术应用于内蒙古自治区特色农产品处理、工业微生物、牧草种质诱变选育等科研领域，在放电等离子体生物效应、干燥、解冻领域取得了系列研究成果，形成了研究特色与优势，在 *Plasma Science and Technology*、*IEEE Transactions on Plasma Sciences*、*Free Radical Biology and Medicine*、*Innovative Food Science & Emerging Technologies*、*Foods* 等国内外高水平期刊上发表相关科研论文 60 多篇。

　　本书主要内容包括四个部分：绪论、电晕放电等离子体对种子的生物效应、等离子体及其活化水对种子基因表达影响、放电等离子体对微生物诱变研究。本书由宋智青、丁昌江著。在撰写过程中，综合了硕士研究生李一冰、徐文倩、栾欣昱等的实验结果，研究生张涛在文字编辑等方面给予了帮助。在此，对于所有参与、支持、资助本书出版的单位和个人表示衷心的感谢。由于编者水平有限，书中难免有不妥之处，恳请各位读者或专家给予批评指正。

宋智青　丁昌江

2023 年 3 月

目录

第一章

绪论

1.1 等离子体简介

1.1.1 等离子体概念

等离子体（plasma）是由大量带电粒子组成的非束缚态宏观体系，是区别于固体、液体和气体的又一种物质存在的聚集状态。所以，人们称其为物质第四态，或称为等离子态。

一切宏观物质都是由大量分子组成的，分子间力的吸引作用使分子聚集在一起，在空间形成某种有规则的分布，而分子无规则的热运动具有破坏这种规则分布的趋势。在一定的温度和压力下，某一物质的存在状态取决于构成物质的分子间力和无规则热运动这两种对立因素的相互作用，或者说取决于分子间的结合能与其热运动能的竞争。温度是分子热运动激烈程度在宏观上的表现。在较低温度下，分子无规则热运动不太激烈，分子在分子间力的作用下被束缚在各自的平衡位置附近做微小的振动，分子排列有序，表现为固态。温度升高时，无规则热运动剧烈到某一程度，分子的作用力已不足以将分子束缚在固定的平衡位置附近做微小振动，但还不至于使分子分散远离，这时就表现为具有一定体积而无固定形态的液态。温度再升高时，无规则热运动进一步加剧，分子间力已无法使分子间保持一定的距离，这时分子相互分散远离，分子的移动几乎是自由移动，这就表现为气态。对气态物质进一步加热，当温度足够高时，构成分子的原子也获得足够大的能量，开始彼此分离，这一过程称为离解。在此基础上进一步提高温度，原子的外层电子将摆脱原子核的束缚而成为自由电子，失去电子的原子变成带正电的离子，这一过程称为电离。当气体中足够多的原子被电离后，这种电离的气体已不是原来的气体，而转化成为新的物态，称为等离子态（即等离子体）。因为电离过程中正离子和电子总是成对出现，所以等离子体中正离子和电子的总数大致相等，总体来看为准电中性。

从广义上讲，等离子体概念可定义为：包含足够多的电荷数目近似于相等的正、负带电粒子的物质聚集状态，称为等离子体。它在整体上是准电中性的，粒子的运动主要由粒子间的电磁相互作用所决定，由于这是库仑长程相互作用因而使它显示出集体行为（例如各种振荡与波、不稳定性等）。

等离子体概念的形成与气体放电的研究及天文学的发展密切相关。1879年克鲁克斯（Crookes）把放电管中物质的状态称为物质的第四态。1928 年朗缪尔（I.Langmuir）等人引入 plasma 一词来称呼放电管中远离边界的内部区域（在该区域中，电子和正离子以几乎相同的密度混在一起，发生带电粒子群的振动）。"plasma"是来自希腊语 Πλάσμα 的译音，原意相当于英语的"to mold"，意指"成形"，即放电的发光部分依从放电管的形状变化。

除了电离气体（电子、离子和中性粒子的集合体，它们的运动主要取决于电磁相互作用）外，有些固体、液体也呈现等离子体特征。固体金属中晶格上正离子和运动的自由电子构成固态等离子体，半导体中电子和空穴也构成固态等离子体；电解质溶液（如食盐水溶液）内部有数目相等的运动着的正钠离子和负离子，也能导电，该溶液也属于等离子体；有时，等离子体的概念还用于具有过量电荷（过量电子或过量离子）的情形，称为非中性等离子体。但是，上述等离子体与气体等离子体相比，其性质完全不同，所以本书只讨论由电离气体所组成的等离子体，不涉及其他类型的等离子体。

实验表明，在普通气体中，即使只有 0.1%的气体被电离，这种电离气体也具有很好的等离子体性质。如果有 1%的气体被电离，这时等离子体便成了电导率很大的理想导电体。用于热核反应的高温等离子体，其原子几乎是完全电离的。

一般来说，组成等离子体粒子的基本成分是电子、离子和中性粒子。在一次电离的情况下，带负电的粒子（电子）和带正电的粒子（离子）数目相等；在多重电离时，电子数可多于离子数。但是，不论在哪一种情况下，等离子体在宏观上仍保持电中性。

等离子体在性质上与普通气体有很大的区别。如普通气体中的粒子主要进行杂乱的热运动；而在等离子体内，除热运动外，还能产生等离子体振荡，特别在有外磁场存在的情况下，等离子体的运动将受到磁场的影响和支配，这是等离子体与普通气体的重要区别。在地球表面的空气里，由于宇宙射线的作用，平均每秒钟每立方厘米内形成大约 5 对离子；而在标准状态下，每立方厘米内约有 10^{19} 个气体分子，可见空气的电离度是极微小的，磁场对这种气体的运动不会产生任何影响。从这方面来看，可将磁场对电离气体是否有作用作为判断等离子体的一种方法；另外，由于等离子体在宏观上呈电中性，同时它又是气体，故一般气体定律及许多关系仍适用于等离子体。

概括起来，等离子体具有如下特征：

气体高度电离，在极限情况下，所有中性气体粒子都被电离。通常等离子体中具有很大的电子浓度，为 $10^{10} \sim 10^{15}$ 个/cm^3。

等离子体内带正电和带负电粒子的浓度近似相等，因而净空间电荷密度几乎为零，所以 $\nabla^2 V = 0$，等离子体具有导体的特征。

等离子体具有振荡的特性。实验证明，在适当的条件下，等离子体中发生着从高频到超高频的各种不同频率的振荡。

等离子体具有加热气体的特征。实验证明，在高气压收缩等离子体中，气体可被加热到数万摄氏度。大功率脉冲放电的等离子体中可以获得 100 万摄氏度的短时高温。

除闪电时形成的瞬时等离子体外，地球表面几乎没有自然存在的等离子体。这是因为地球表面温度太低，不具备等离子体产生的条件。但只要将目光投向宇宙，就可以看到：从电离层直到宇宙的深处，物质几乎都是以等离子体的状态存在着。有人估计，宇宙中 99% 以上的物质都处于等离子体状态。在恒星内部，电离由高温产生；在稀薄的星云和星际气体内，电离由恒星的紫外辐射引起。

等离子体与很多学科有密切关系，并有着广泛的技术应用，如天体物理学、氢弹及受控热核反应、磁流体发电、等离子体推进（用于宇宙飞行）、同位素分离、无线电通信、等离子体化学、等离子体生物医学、等离子体农业食品、气体激光以及各种气体放电、等离子体喷涂、等离子体焊接、等离子体切割等。这些研究领域对 21 世纪人类面临的许多全局性问题的解决（如能源、材料、通信及环境保护）都有重要意义。

1.1.2　等离子体分类

通常，等离子体中的基本成分是电子、离子和中性粒子（包括不带电荷的粒子，如原子或分子及原子团），它可以按不同的方式进行如下分类：

（1）按存在形式分类

① 天然等离子体。由自然界自发产生及宇宙中存在的等离子体。据印度天体物理学家萨哈（M. Saha）的计算，宇宙中 99.9%的物质处于等离子体状态，如太阳、恒星、星子、星云等，自发产生的如闪电、极光等。

② 人工等离子体。由人工通过外加能量激发电离物质形成的等离子体，如日光灯、霓虹灯中的放电等离子体，等离子体炬中的电弧放电等离子体。

（2）按电离度分类

设等离子体中存在电子、离子、中性粒子的密度分别为 n_e、n_i、n_a，由于 $n_e=n_i$（准电中性），所以电离前气体分子密度为（n_e+n_a）。于是，定义电离度 $\chi=n_e/(n_e+n_a)$，以此来衡量等离子体的电离程度。

通常将电离度小于 1%的气体称为弱电离气体，也叫低温等离子体；按物理性分，低温等离子体主要分三类：①热等离子体（或近局域热力学平衡等离子体）；②冷等离子体（非平衡等离子体）；③燃烧等离子体。热等离子体与冷等离子体因为工业上广泛应用有时又合称为工业等离子体。

电离度大于等于 1%的气体称为完全电离等离子体，也叫高温等离子体。

（3）按粒子密度分类

① 致密等离子体（或高压等离子体）。当粒子密度 $N>10^{15\sim18}cm^{-3}$ 时，就可称为致密等离子体或高压等离子体。这时粒子间的碰撞起主要作用。如 $p=0.1atm$（1atm=101.325kPa，下同）以上的电弧均可看作致密等离子体。

② 稀薄等离子体（或低压等离子体）。当粒子密度 $N<10^{12\sim14}cm^{-3}$ 时。核子间碰撞基本不起作用，这时称为稀薄等离子体或低压等离子体。辉光放电就属此类型。

（4）按热力学平衡分类

① 完全热平衡等离子体（complete thermal equilibrium plasma）。也称为高温等离子体，此类等离子体中电子温度（T_e）、离子温度（T_i）及中性粒子温度（T_a）完全一致，如太阳内部、核聚变和激光聚变均属于这种。

② 非热力学平衡等离子体（non-thermal equilibrium plasma）。也称冷等离子体（cold plasma），数百帕以下低气压等离子体常常处于非热平衡状态，此时，电子与离子或中性粒子的碰撞过程中几乎不损失能量，所以有 $T_e\gg T_i$、$T_e\gg T_a$，也称这样的等离子体为低温等离子体。它在工业中是应用最广泛的一种等离子体，主要包括电晕放电等离子体（corona discharge plasma）、辉光放电等离子体（glow discharge plasma）、火花放电等离子体（spark discharge plasma）、介质阻挡放电等离子体（dielectrical barrier discharge plasma）、滑动电弧放电等离子体（gliding arc discharge plasma）、微波等离子体（microwave plasma）及射频等离子体（radio-frequency plasma）等。

③ 局部热力学平衡等离子体（local thermal equilibrium plasma）。由于等离子体中各物质通常很难达到严格的热力学一致性，当其电子、离子和中性粒子温度局部达到热力学一致性，即 $T_e=T_i=T_a=3\times10^3\sim3\times10^4K$ 时，称为局部热力学平衡等离子体，也称为热等离子体，如电弧等离子体、高频等离子体等。

根据以上分类，也可以通过图表的方法表示不同类型的等离子体，图 1-1 给出了主要类型的等离子体的密度和温度的数据。从密度为 10^4m^3 的稀薄等离子体到密度为 $10^{24}m^{-3}$ 的电弧放电等离子体（热等离子体），跨越近 20 个数量级，其温度分布范围内从 0.01eV 的低温到超高温核聚变等离子体的 10000eV。

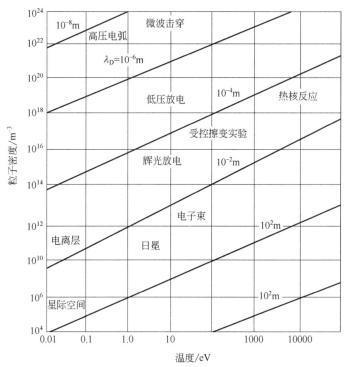

图 1-1　等离子体的密度与温度分布

非热平衡等离子体（低温等子体）拥有的高电子能量及较低的离子及气

体温度这一非平衡特性在工业中应用最为广泛。一方面，电子具有足够高的能量使反应物分子激发、离解和电离；另一方面，反应体系又得以保持低温，使反应体系能耗减少，并可节约投资。多数工业应用的等离子体，电子温度主要在 1～20eV 之间，而电子的密度范围为 10^{12}～10^{25}m^{-3}。

1.2 大气压放电等离子体

1.2.1 大气压放电等离子体简介

大气压放电等离子体是在约 1atm 下的气体环境中产生的放电等离子体。大气压通常为 760Torr（1Torr=133.322Pa）左右，但也依不同的地域有所不同，如高原地区的大气压约为 500Torr。对于工业应用来说，大气压放电等离子体具有很多独特的优点，如不需要真空系统、工艺流程设计灵活等，因此大气压放电等离子体成为近年来等离子体领域的热点，被广泛应用于材料制备和表面改性、流动控制、助燃、环境保护、臭氧制备、食品干燥解冻以及生物医学（包括灭菌消毒、诱变育种、战地生化洗消）等方面。

热平衡与否是区分等离子体的重要特征。由于放电等离子体的特殊性，一般它都难以处于热平衡状态，电子温度与离子温度（近似为气体温度）不相同，通常电子温度远大于离子或气体温度，这就是所谓的低温非平衡等离子体。但等离子体的局域热平衡（LTE）是可能的，其电子温度接近离子温度，如大气压电弧放电等离子体。

由于不同气压下电子-分子碰撞频率不同，气压对等离子体平衡产生决定性的影响，图 1-2 是典型的等离子体电子温度和离子（气体）温度随气压的变化。在低气压下，电子碰撞以产生等离子体化学过程的非弹性碰撞为主，对气体加热的弹性碰撞相对较弱。但在高气压下，电子碰撞极为频繁，强烈的非弹性碰撞和弹性碰撞产生化学反应并加热气体，使电子温度和气体温度接近，但并不平衡。等离子体的这种性质差异导致等离子体运输过程增加，促进其趋于热平衡状态。放电时能量密度的馈入也强烈影响等离子体的平衡状态。一般地，大功率能量馈入可以产生 LTE 等离子体（如电弧放电等离子体），而小功率能量馈入通常产生非 LTE 等离子体（如电晕放电等离子体、介质阻挡放电等离子体）。

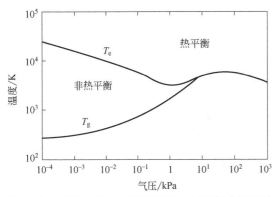

图 1-2　等离子体电子温度和气体温度随气压的变化（汞辉光放电）

常见的大气压放电等离子体产生方式包括直流放电、中频 DBD、射频放电、微波放电和脉冲放电等，通过不同的电极设计和模式选择，可以实现各种形式的大气压等离子体。大气压等离子体放电模式与放电条件有关，既可以是辉光的，也可以是流注的。无论哪种模式，大气压放电的基本过程原理上是相似的，都是基于汤生放电过程，从气体击穿发展到稳定放电的。

稳定的大气压等离子体源是等离子体工艺的基础。从实际应用的角度，均匀的辉光放电等离子体是人们期待的目标，而基于气体放电的基本理论，产生稳定辉光放电的根本方法是降低电子崩的倍增速度和大小、减小放电能量的馈入。前者可以通过降低电场强度、减小电极间隙 [实际上应该是 pd 值（p 表示压强，d 表示电极间隙）] 实现，这正是电晕放电、微放电等离子体的出发点；而后者则需要放电电压（电场）作用的时间尽量短，它通常可以利用介质阻挡、脉冲或高频电压驱动来实现。表 1-1 给出一些工业和实验室大气压等离子体源及其特性。

表 1-1　各种大气压等离子体源及其特性

等离子体源	激励方式	等离子体性质	工作气体
电晕	直流/低频/脉冲	T_e：8000～14000K，T_g<400K n_e：10^9～$10^{13}\,cm^{-3}$	空气
介质阻挡放电（DBD）	中频/脉冲	T_e：10000～100000K，T_g<600K n_e：10^{11}～$10^{15}\,cm^{-3}$	惰性气体空气
射频等离子体	射频	$T_e \approx T_g$：6000～11000K n_e：10^{15}～$10^{20}\,cm^{-3}$	惰性气体

等离子体源	激励方式	等离子体性质	工作气体
大气压放电等离子体射流	中频/脉冲/射频	T_e：10000～20000K，T_g～400K n_e：10^{11}～10^{15}cm^{-3}	惰性气体（He）
微空心阴极放电	直流/脉冲	T_e：3000～11000K，T_g～700K n_e：10^{11}～10^{15}cm^{-3}	惰性气体
电弧（炬）	直流/低频	$T_e \approx T_g$：8000～14000K n_e：10^{15}～10^{20}cm^{-3}	惰性气体空气
微波等离子体	微波	T_e：10000～20000K，T_g：2000～7000K n_e：10^{13}～10^{16}cm^{-3}	惰性气体

大气压放电等离子体通常是在开放空气环境下产生和维持的，等离子体工作气体一般处于流动状态。除等离子体自身的相互作用外（包括弹性碰撞和非弹性碰撞过程），等离子体中的各种活性粒子也将随着气体做宏观的整体运动，并与环境气体间进行质量、能量和动量的交换。大气压放电等离子体实际上是电、磁、热、流动、化学反应等多个物理场的耦合体系，因此，面向应用的大气压放电等离子体技术及其基础研究势在必行。

1.2.2　电晕放电

和其他类型大气压放电，如电弧放电、火花放电相比，电晕放电可能是人类最先观测到的电现象。

最早，在桅杆顶端的周围看到一种光晕现象，曾一度被认为是一样不属于这个世界的东西，因为它似乎是一种深不可测的幻觉，看起来就像国王头上的王冠。电晕（corona）这个称呼也因此得名，其原意就是发光的环冠。

现在，电晕放电等离子体被应用到工业、农业、食品、生物医学、环境保护等领域，是最重要的一种放电形式。因为它是一种结构相对简单、利用电能可以直接在大气压下产生等离子体的气体放电方式。利用电晕放电可以实现静电除尘、废气处理以及半导体测量。

（1）定义

电晕有时称为单级放电，发生在处于电击穿点之前的电气上受压状态的气体中尖端、边缘或丝附近的高电场区，在其他电场弱的地方不发生电离，只产生局部的放电，即局部破坏，是汤生暗放电的一个特征现象。在电极周围产生暗辉光，称为电晕放电。

（2）特征

电晕放电属于自持放电。电晕放电的电压降比辉光放电大（千伏数量级），但是放电电流较小（微安数量级），往往发生在电极间电场分布不均匀的条件下。若电场分布均匀，放电电流又较大，则发生辉光放电现象；在电晕放电状况下如提高外加电压，而电源的功率又不够大，此时放电就转变成火花放电；若电源的功率足够大，则电晕放电可转变为电弧放电。

电晕放电的一个特点是在放电过程中出现特里切尔（Trichel）脉冲。这是因为电晕放电发生在电场极度不均匀的情况下，当外加电压及其产生的电场还较低时，电极曲率半径很小处已经达到甚至超过了气体击穿的临界电场，发生自持放电。但是，在离电极稍远处，电场强度已经很低，空间电荷的屏蔽作用会阻止放电的继续发展，形成 Trichel 脉冲。

（3）分类

电晕放电具有很多种类。按电源提供的电压类型划分，分为直流电晕、交流电晕、高频电晕和脉冲电晕；按发生电晕的电极极性划分，分为正电晕和负电晕；按出现电晕的电极数目划分，分为单极电晕、双极电晕和多极电晕；按照气压可分为低气压电晕、大气压电晕、高气压电晕等；考虑针对平板电极时，按照针为正电压还是负电压，无论放电的外观，还是特性都不相同，称对应于前者的电晕为阳极电晕或正电晕，称对应于后者的电晕为阴极电晕或负电晕。

1.2.3 介质阻挡放电

介质阻挡放电（dielectric barrier discharge，DBD）是有绝缘介质置于放电空间的一种气体放电。介质阻挡放电可以在大气压下产生低温等离子体，在环境保护、材料处理、新光源开发等工业领域具有广泛的应用前景。大气压 DBD 通常表现为大量的时空随机分布的放电细丝，即所谓细丝放电，其本质上是流注放电。但是对于某些应用而言（如材料表面改性），人们更希望使用大气压均匀放电，即放电充满整个气隙，并且不含放电细丝。目前，人们可以在大气压惰性气体（氦气、氖气）中很容易地实现 DBD 均匀放电，并且这种均匀放电属于亚正常辉光放电；在大气压氮气和空气中，只有在特定的条件下，人们才能实现 DBD 均匀放电，其放电属性为汤生放电。

近 20 年来，气体放电产生的低温等离子体得到越来越广泛的应用，等离子体处理技术应运而生，而 DBD 可以在大气压下产生低温等离子体，特别适合于低温等离子体的工业化应用。

大气压下气体放电的几种常见形式是电晕放电、电弧放电、介质阻挡丝状放电。近来，人们还发现了所谓的大气压下辉光放电（atmospheric pressure glow discharge，APGD）。辉光放电是一种典型的低气压下均匀放电形式，它可以产生具有较高电子能量的非热平衡等离子体，并且它还具有放电均匀和功率密度适中的优点，尤其适用于等离子体材料表面处理，然而在大气压下如何得到大面积均匀的放电等离子体是近十几年来气体放电领域的难点与热点。

使用 DBD 结构是获得大气压下辉光放电最方便也最具有可行性的手段，这是因为其他几种放电通常不适合产生大面积均匀等离子体。电晕放电发生在极不均匀电场中，常见的极不均匀电场有棒板电极、线筒（板）电极等。电晕放电可以产生稳定的非热平衡冷等离子体，目前这种形式的放电已经广泛应用于工业污染治理上。然而电晕放电只局限在极不均匀电场中的强电场区，并且放电较弱，产生等离子体及活性粒子的效率太低，因此，电晕放电应用范围有限，不能适用于均匀性要求较高的工业应用。电弧放电产生热（平衡）等离子体，由于其电流密度大、温度高，容易对物体表面造成烧蚀，很难用于温度敏感材料的等离子体表面处理。

DBD 是将绝缘介质插入气体间隙的一种放电形式，又称其为无声放电。DBD 电极结构主要有平行平板和同轴线筒两种形式，见图 1-3。DBD 通常在大气压下进行，它是产生大气压冷等离子体的有效方法。大气压下 DBD 一般是丝状放电，即流注放电，它由大量的平均寿命在 10ns 量级的放电细丝组成。DBD 用于表面处理时存在处理不均匀的缺点，并可能因细丝电流密度较大而损坏被处理表面。因此，如何产生不存在放电细丝的均匀 DBD 是目前研究的一个重要方向。

大气压下如何获得稳定的辉光放电始终是困扰人们的一个问题。1933年，德国 von Engel 首次报道了研究结果：利用冷却的裸电极在大气压氢气和空气中实现了辉光放电，但它很容易过渡到电弧放电，并且必须在低气压下点燃，仍离不开真空系统。1987 年，日本 Kanazawa 使用介质阻挡电极结构，在含氦气的大气压混合气体中获得均匀放电，并称之为"大气压辉光放电"，这使人们看到了利用介质阻挡放电在大气压气体中实现均匀放电的可能性。从此以后，大气压下介质阻挡均匀放电成为研究热点。

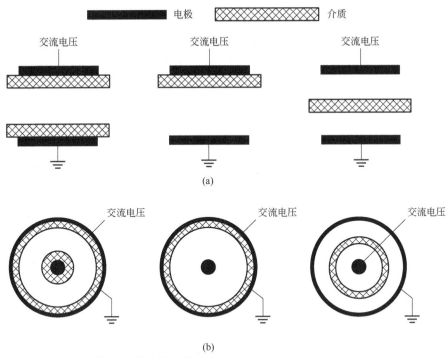

图 1-3　介质阻挡放电的电极结构

（a）平板结构；（b）同轴结构

　　总之，气体放电等离子体表面处理技术具有诱人的应用前景，但缺乏大气压均匀放电等离子体源的现状严重阻碍了等离子体表面处理技术的工业化应用。因此，对大气压气体均匀放电进行研究具有重要的意义。

　　（1）介质阻挡放电技术的发展与现状

　　1785 年，库仑（Coulomb）在观测静电场力矩平衡的实验中首次发现绝缘介质插入电极间可减少电荷的损失。这是关于介质阻挡放电最早的记录。

　　DBD 已经有一百多年的历史了，其放电形态通常为大量的放电细丝此起彼伏。1839 年，舒贝因（Schonbcin）发现臭氧，人们开始了对臭氧发生及其应用技术的研究。1857 年，冯·西门子（von Siemens）提出了一种制备臭氧的特殊的放电形式，他在两个同轴的玻璃管之间留有一个环形气隙，并在内外玻璃管间安装了电极，空气或氧气由环形气隙通过后产生臭氧。这个玻璃管式臭氧发生器成为现代工业臭氧发生器的雏形，是最早的介质阻挡放电等离子体发生装置。1860 年，Andrews 将此放电命名为无声放电（silent discharge）。从 1860 年到 1900 年的 40 年间，对 DBD 本身尚缺乏研究，只是利用这种放电来产生臭氧和氮氧化物。

20 世纪初，埃米尔·沃伯格（Emil Warburg）在实验室对介质阻挡放电的性质做了细致的研究。德国的柏克（Beker）和法国的奥托（Otto）对介质阻挡放电臭氧发生器做了重要的改进，使其在工业中得到了应用。

1932 年，电气工程师巴斯（Buss）观察到在大气压环境下，在用介质覆盖的平行板电极之间放电时，整个放电空间充满了寿命极短的电流丝。他同时拍摄了长曝光时间的放电图像，即所谓的 Liehtenburg 图，并用示波器记录了放电电流波形。结果表明，放电是由大量发光细丝（即流注）组成，与此相对应，电流波形是由大量的窄脉冲组成。这是对介质阻挡放电性质认识迈出的重要一步。1943 年，Manley 在 DBD 电流回路中串联一个电容器以收集放电电荷 Q，将对应于 Q 的电压信号送到示波器 Y 输入；同时将外加电压送到示波器 X 输入。在每一个外加电压周期 T，示波器上得到一个封闭的四边形图形，即李萨如（Lissajous）图形。他还提出可以利用李萨如图形所包围的面积 S 计算放电能量 W 或功率 P。

1970 年以后，人们开始对 DBD 进行物理诊断和数值模拟，以研究 DBD 等离子体中发生的物理和化学过程。1987 年，日本的 Kanazawa 利用含氦气的混合气体进行大气压下 DBD 实验，并用肉眼观察到了均匀放电现象。从此以后，人们认识到，除了细丝放电模式外，大气压下 DBD 还存在均匀放电模式，并且将此均匀放电统称为大气压下辉光放电，即 APGD，大气压 DBD 的研究进入新的篇章。

20 世纪 70 年代，等离子体物理特别是高温等离子体物理得以发展并成熟起来，成为物理界公认的一个独立的学科。在此期间，尽管以气体放电和电弧技术为基础的低温等离子体物理和工艺取得了一些发展，但作为低温等离子体一部分的介质阻挡放电等离子体物理和工艺却没有得到很好的发展。其主要原因是这一期间臭氧发生装置的生产效率低，致使获得臭氧的成本非常高。而就在这一时期，可替代臭氧的氯的价格却十分低廉。因此限制了臭氧应用技术的发展及臭氧的广泛应用，从而也限制了介质阻挡放电等离子体技术的发展。

直到近些年来，由于材料科学、电力电子技术、电介质学、等离子体物理、等离子体化学以及高气压气体放电学等相关学科取得了较大的发展，促进了对介质阻挡放电等离子体特性及应用技术的研究，并成为低温等离子体研究的一个热点，不仅在臭氧发生理论与应用方面取得了巨大的进步，而且在基础工业和高科技领域中，介质阻挡放电低温等离子体也获得了广泛的应用，有力地推动了等离子体同其他学科和技术领域的相互渗透、相互促进和相互发展。

尽管介质阻挡放电等离子体在越来越多的场合得到了应用，对其宏观特性也有了初步的实验研究，但对其微放电的微观形成机制等还缺乏深层次的研究。由于人们对介质阻挡放电特性的研究时间不长并缺乏有效的诊断与测量手段，再加上介质阻挡放电过程中既有物理过程，又有化学过程，相互影响，非常复杂，从最终结果很难断定中间发生的具体过程，因此对微放电的微观成因机制、电子能量分布、浓度分布、动力学过程等微观参量还缺乏深入研究。对这些相关参量的作用机理、相互关系以及对介质阻挡放电等离子体放电形式演化的影响还缺乏了解，尤其是如何改变微放电的形态和微观结构等方面的研究更少。对电介质材料因素，如电介质材料的性质、介电常数、厚度、几何形状及放电间隙的距离；对供电电源因素，如电源的结构、电压、频率、波形；对外部因素，如工作气体的成分、压强、气体的流速及介质阻挡放电等离子体发生器的工作温度等对介质阻挡放电等离子体的影响还有待在理论与实验两个方面进行进一步的研究。一旦这些研究有所突破，必将在一系列应用场合产生重大影响。即使在应用基础研究方面，研究各种应用的最佳条件，取得最大产额和最大效率，改进其应用技术，开拓新的应用领域，充分发挥该项技术在国民经济建设中的作用，也具有十分重大的实用意义和科学价值。

（2）介质阻挡放电基本原理

介质阻挡放电是将绝缘介质插入放电空间的一种气体放电形式，通常情况下，介质覆盖在电极上或者悬挂在放电空间里。

电极和间隙结构可以是平面型的，也可以是同轴圆柱形的。其中，平面型结构是很常用的放电电极构型，可以用来制造臭氧发生器，其特点是结构简单，而且可以通过金属电极把放电产生的热量散发掉。电极间放双层介质板的特点是，气体放电发生在两层介质之间，可以防止放电等离子体直接与金属电极接触，对于具有腐蚀性气体或高纯度等离子体，这种构型具有独特的优点；而将介质板放在间隙中间，不接触电极的这种结构，可以在介质两边同时生成两种成分不同的等离子体。在电极间放置介质可以防止在放电空间形成局部火花或弧光放电，而且能够形成通常大气压强下的稳定的气体放电。

介质阻挡放电工作气压范围很宽，可以在大气压下产生稳定的低温等离子体。在臭氧生成、材料表面改性、杀菌消毒、新型光源、薄膜沉积、电磁波屏蔽、环境保护等工业领域具有广泛的应用前景。

当在放电电极上施加足够高的交流电压时，电极间的气体即使在很高的气压下也会被击穿而形成介质阻挡放电。介质阻挡放电通常表现为均匀、漫散和稳定的放电，貌似低气压下的辉光放电，但它是由大量细微的快脉冲放电通道构成的。通常放电空间的气体压强可达 10^5Pa 或更高，所以这种放电属于高气压下的非热平衡放电。这种放电也称为无声放电，因为它不像空气中的火花放电那样会发出击穿响声。

介质阻挡放电能够在很大的气压和频率范围内工作，常用的工作条件是气压为 $10^4 \sim 10^6$Pa、电源工作频率为 50Hz～1MHz。介质阻挡放电可以用频率从 50Hz 的电源来启动。在大气压条件下这种气体放电呈现微通道的放电结构，即通过放电间隙的电流由大量快脉冲电流细丝组成。电流细丝在放电空间和时间上都是无规则分布的，这种电流细丝就称为微放电，每个微放电的时间过程都非常短促，寿命不到 10ns，而电流密度却可高达 0.1A/cm^2～1kA/cm^2。圆柱状细丝的半径约为 0.1mm，在介质表面上微放电扩散成表面放电，这些表面放电呈明亮的斑点，其线径约几毫米。放电条件如电源电压、频率、放电间隙宽度、放电气体组成、介质的材料及厚度等的不同会导致放电通道微观及宏观上的变化。

研究表明，丝状放电并不是介质阻挡放电在大气压下的唯一表现形式，在一定条件下介质阻挡放电也可以表现为均匀、稳定的无细丝出现的放电模式，被称为大气压均匀介质阻挡放电或大气压辉光放电。1988 年，日本的Kanazawa 等报道了一种在大气压惰性气体中产生均匀稳定介质阻挡放电的方法，随后这一课题受到世界各国研究者的广泛关注。一些研究者先后在氦气、氩气、氖气、氮气等气体以及这些气体的混合气体中实现了均匀介质阻挡放电，并通过电学参数测量、发光图像拍摄和数值模拟等手段研究了它们的特性。然而这些研究主要集中在大气压惰性气体和氮气中，其中惰性气体的价格昂贵，而氮气作为工作气体时，需要密闭的工作环境。因此，最适合大规模工业应用的便是空气中实现的均匀介质阻挡放电。近年来空气中均匀介质阻挡放电的产生及特性研究成为热点。

介质阻挡放电的物理过程通常分为放电的击穿、电荷的传递、分子或原子的激发三个阶段。放电的击穿发生在纳秒量级，放电的击穿和电荷的传递过程可以形成微放电，在微放电形成的初期主要是电子在外加电场的作用下获得能量，与周围的气体分子发生碰撞，使气体分子激发电离，从而生成更多的电子，引起电子雪崩，形成微放电通道。

在微放电的后期伴随着大量的化学反应。在微放电的后期开始有部分原子或分子被激发，形成一些离子、自由基等活性粒子。部分处于激发态的电子具有较高能量，这些电子可以通过碰撞传递能量并激发分子或原子、准分子等粒子。这使得在通常条件下很难得到的自由基、离子、激发态分子或原子、准分子等粒子能在等离子体中大量存在。

微放电产生的物理过程可以描述如下：电源电压在电介质的电容耦合下在放电区域形成空间电场，在此区域内的空间电子获得电场能量而加速运动，在运动过程中与周围的气体分子发生非弹性碰撞。同时将能量传递给气体分子，被激励后的气体分子发生电子雪崩，同时产生相当数量的空间电荷，这些电荷聚集在雪崩头部而产生本征电场，这个电场和外电场叠加后共同对电子产生影响，高的局部本征场使雪崩中的电子进一步加速向阳极逃逸，它们的逃逸引起击穿通道向阳极传播。一旦这部分空间电荷到达阳极，在那里建立的电场会向阴极方向返回，有一个更强的电场波向阴极方向传播，于是在放电空间形成来回往返的电场波。在电场波的传播过程中，原子和分子进一步得到电离，并激励起向阴极方向传播的电子反向波。这样的导电通道能非常快地造成气体犹如火花放电的流光击穿。在形成的等离子体中含有高能电子、离子、激发态分子及激发态原子等，这些粒子构成对材料表面改性的能量基础。

1.3　大气压放电等离子体生物效应研究进展

从生命诞生到今天，一直存在电磁因素及等离子体与生物体相互作用、相互影响。一切生命体都是由原子和分子组成，生物大分子都是靠它们周围的电子云间的重叠所产生的局部化学键使它们结合起来，电子的运动可引起化学键能改变。外电场能引起生物介质极化，改变电荷分布及传导，可引起细胞组织整体振动，从而影响生命系统中的能量转移和信息传递。特别是，在针-板介质阻挡放电场中，强电场激励下，气体放电产生的等离子体活性物质在电场作用下可以直接从外部刻蚀破坏细胞结构并且注入细胞产生系列化学反应，进而造成细胞损伤或凋亡，影响生物体基因表达、DNA 损伤突变。在科学技术迅速发展的今天，人类生活的范围内电场和等离子体是常见的辐射源，其衍生的辐射技术在国民经济建设和社会发展中正发挥着日益重要的作用，受到学术界广泛关注，怎样利用这种多因素耦合作用更好为人类服务是摆在科研人员面前的科学问题。

大气压放电等离子体涉及多时空尺度、多物理场，是一种典型的多因素耦合、形成优势的作用形式，其与生命体发生作用时，会产生复杂的物质和能量传递与转化。等离子体处理过程就是将等离子体产生的各种活性成分作用于处理对象的过程。当然，这些活性成分并不总是都能够直接作用于待处理对象，因为这还取决于等离子体处理方法的不同：直接等离子体处理或间接等离子体处理两种方式。在直接等离子体处理中，等离子体直接作用于待处理的生物对象，因此活性成分能直接作用于对象表面；对于间接等离子体处理，等离子体首先作用于其他介质，例如等离子体活化水（PAW），然后再利用该被处理的介质去处理生物对象。在上述两种处理生物对象的方法中，活性氮氧粒子（RONS）已被广泛认为是诱导等离子体生物效应的关键因素。大气压放电等离子体在生物医学、农业种子和食品果蔬处理等领域表现出了突出的优势，受到科学家的关注和重视。介质阻挡放电和电晕放电是常见的大气压低温等离子体产生方法。为提高等离子体活性粒子的浓度和突出电场对生物体作用，笔者将介质阻挡放电结构和传统的针-板电晕放电结构相结合，发明的针-板介质阻挡放电等离子体装置是一种专门用于细胞分子修饰调控的装置。气体放电时包含多种物理、化学因素：带电粒子（电子和离子）、中性粒子（如 RONS）以及电磁辐射（UV/VUV、可见光、红外/热辐射、电磁场）等，它们各自在等离子体生物效应中扮演特定角色。在强电场作用下，对生物体产生粒子注入、物理化学刻蚀、能量传递、质量沉积、二次电子发射等系列作用，但不会对生物体造成明显的热损伤，笔者课题组前期将此装置用于植物、微生物诱变选育和食品果蔬干燥及解冻研究，证实针-板介质阻挡放电等离子体生物技术具有装置简单、生物效应明显、环境友好等优点，已获国家实用新型专利授权。

近年来，随着大气压放电等离子体应用领域不断拓展和深化，对其理论研究和技术发展提出了新的挑战。机制研究方面需要在放电特性分析、等离子体参数诊断和调控、放电理论扩展等关键科学问题上下功夫，而技术应用层面需要突破等离子体装置设计开发、界面物理化学过程及调控、等离子体效应评价、剂量控制等核心问题。笔者课题组的研究内容和思路涉及放电特性诊断调控、RONS 穿透深度、诱变分子机制等，与上述关键核心问题一致。因此，放电等离子体及其活化水联合作用对生物体的诱变及机制是非常需要深入研究的前沿交叉领域的科学问题。

根据气体放电理论，当改变放电参数或气体时，放电产生等离子体活性物种成分也不同，产生的修饰调控机制也不同。放电等离子体生物效应受到多个参数的影响，如放电参数（电极结构、电压）、工作气体（包括气体种类、流速）等。因此，需要研究通过优化参数来改善生物效果。近年来，许多研究试图通过改变上游等离子体放电参数来控制等离子体诱导介质中的 RONS，以便在 PAW 中以适当剂量获得所需的 RONS。气体放电产生的 RONS 对促进植物的萌发和生长起重要作用，OH 有利于植物种皮侵蚀，提高对水分和养分的吸收。N_2^* 和 N_2^+ 等 N_2 第二正带系有助于促进植物生长和使植物种子上的微生物失活。O、O_2^*、O_2、O_3 和亚硝酸盐（NO_2）等有利于种子上微生物的灭活。笔者课题组前期对空气针-板介质阻挡放电等离子体发射光谱诊断发现：空气放电时可以明显地观察到 O（715nm、799nm）、N（674nm、631nm）、NO_2（594nm）、N^+（426nm）、N_2^+（391.4nm）、N_2^*（337nm、357nm、315nm）以及 NO-γ（297nm）等。与其他形式（板-板型、同轴型）的介质阻挡放电相比，高电压针-板介质阻挡放电等离子体成分更丰富，特别在 600～900nm 波长范围内具有较高氧化势的 N（3p-3s）和 O（3p-3s）光谱强度明显增加，并且随着电压的升高，峰的高度显著升高，证明等离子体浓度随着放电电压的升高明显增加。已有研究者关注到改变放电参数或气体时，放电等离子体作用机制不同，这说明放电等离子体作用机制尚需深入研究。笔者课题组采用针-板介质阻挡放电，其优点是在高达几十千伏每厘米强电场激励下，等离子体能量更高，有更高的离子电流，等离子体活性物种丰富，具有粒子注入生物效应。另外，生物体所受电场强度较大，所以针-板介质阻挡放电等离子体可对生物体产生更为明显的生物效应。到目前为止，不同放电参数或气体的针-板介质阻挡放电等离子体对牧草诱变机制研究尚未见报道。当放电参数或气体不同时，针-板介质阻挡放电时，放电特性有何区别？会产生哪些活性粒子？哪些活性粒子对生物体作用效率更高？作用机制是什么？需要澄清。

近十年来，大气压放电等离子体生物效应已形成研究热点，相关应用基础研究工作开展如火如荼，但目前仍处在实验资料积累研究阶段，大气压放电等离子体生物效应机制尚需深入研究。研究发现：放电等离子体可加速血液凝固、伤口愈合，抑制伤口愈合疤痕组织的形成；其活化水可有效灭活 SARS-CoV-2 病毒模型；放电等离子体可以提高豌豆、小麦等多种植物种子的萌发、生长和产量；可以提高大豆种皮亲水性，进而提高种子的萌发速度；对小麦种皮产生刻蚀作用，进而导致其吸水能力的提高；可以改变刺桐和棉花种皮表面结构，影响亲水性。此外，PAW 在等离子体生物医学领域有着广泛的应用前景，当用 PAW 处理种子如大豆、绿豆、小麦和水芹时，可促进种子萌发，且短时间的 PAW 处理对番茄幼苗生长有促进作用，但是长时间处理的 PAW 又会抑制幼苗生长。以上研究基本都是放电等离子体直接或间接作用于种子时表现出来的刺激效应，还没有达到诱变这个层次。

植物种子物理诱变育种关键和前提是物理因素能够穿透种皮，作用到种胚部，才可能对遗传物质产生损伤，进而产生突变。对于等离子体诱变育种来说，关键是 RONS 能作用到胚部的遗传物质上，而放电等离子体直接作用只能造成种皮表面的修饰，故诱变效应不明显。已有研究表明，放电等离子体对豆科作物紫花苜蓿种皮穿透深度在微米量级，难以深入到种胚，故不会对紫花苜蓿产生诱变效应。但 PAW 可以突破种皮屏障，PAW 中的 RONS 以水为载体，处理种子时更易到达种子胚部。作者课题组的前期研究表明，放电等离子体直接作用可以对沙打旺种皮产生物理化学刻蚀，从而使种子表面变得粗糙、有裂纹，并且更亲水、提升吸水率，这样 PAW 中的 RONS 更容易随着种子的吸胀而到达种胚，并且 RONS 浓度有提升。研究结果也表明放电等离子体及其活化水联合作用（Plasma+PAW）可大幅度降低沙打旺存活率，存活率仅为对照组的 9.2%，远低于半致死剂量；接种 3 天的幼苗 ROS 含量较对照组（CK）显著增加（CK＜PAW＜Plasma+PAW），可造成沙打旺严重氧化应激损伤；适合参数的 Plasma+PAW 处理或 PAW 单独处理的沙打旺表现出大量基因的上调或下调，并且 Plasma+PAW 组比单独 PAW 处理组幼苗基因变化更显著；诱变后沙打旺转录组测序结果表明，与转录、翻译、酶活性、代谢有关的基因表达显著上调，Plasma+PAW 处理有助于调节植物生长过程，提高植物的产量与品质，Plasma+PAW 联合作用对植物诱变育种工作具有重要意义。到目前为止，放电等离子体及其活化水联合诱变植物研究尚未见报道，研究放电等离子体直接间接作用中的 RONS 穿透深度问题和联合诱变在分子层面的机制，能够为解决等离子体植物诱变育种领域关键科学问题提供方法和思路。

　　种子是农业的"芯片"，然而，我国种业核心技术创新不足，亟需加大育种核心技术创新。2020年12月的中央经济工作会议特别强调要解决好"种子问题"。2021年中央一号文件强调"打好种业翻身仗"。2022年中央一号文件提出全面实施种业振兴行动方案。

　　放电等离子体活性粒子轰击种子可在种子表面引入大量亲水基团，如—COOH、C—O、—OH，引发化学反应，改善生物体化学组成。一般种子内含有10%以上的自由空间，自由空间由气孔、沟道、空腔等组成。针-板介质阻挡放电等离子体对种子的作用是全局的，活性成分不断轰击，集合了质量、能量和电荷转移传递等因素造成种子损伤，包括生物分子或原子的替换、重组和复合，加之电场极化、二次电子发射、自由基产生等多因素耦合作用，且PAW中的RONS随着种子的吸胀到达种胚，这一系列的协同调控作用，通过不同的DNA损伤机制与胚部细胞内的生物分子或原子产生作用，改变细胞的电位分布，加速DNA突变，产生遗传多样性。

　　笔者课题组已经利用多针-板空气放电等离子体对蒙古沙冬青、裸燕麦、紫花苜蓿、沙打旺进行了相关实验研究。研究表明，针-板放电等离子体处理前，扫描电镜检测到蒙古沙冬青种皮表面较为平坦，几乎没有裂纹。放电电压为16kV时，多针-板放电等离子体处理后的蒙古沙冬青种皮表面有风蚀形貌，产生大量小沟壑，种皮表面裂纹更为严重。放电等离子体活性物质刻蚀对蒙古沙冬青种皮的微观形貌影响较大。傅里叶变换红外光谱检测发现，经针-板放电等离子体处理后的沙冬青种皮在 $3412cm^{-1}$、$1739cm^{-1}$、$1628cm^{-1}$、$1429cm^{-1}$、$1334cm^{-1}$、$1160cm^{-1}$、$1051cm^{-1}$ 处振动增强，表明亲水物质如多糖、糖醇、纤维素、半纤维素等含量增加，多针-板放电等离子体能改变沙冬青种皮的化学结构。经表观接触角仪测量，蒙古沙冬青种子表观接触角由辐射前的 $99.82°\pm4.86°$ 显著降低到 $60.11°\pm8.44°$，表明多针-板放电等离子体能显著提高沙冬青种子的亲水性。实验还进行了针-板介质阻挡放电等离子体及其活化水的直接、间接、联合作用对沙打旺的分子机制研究，发现单纯的等离子体直接作用对沙打旺存活率没有显著影响，但是可改变种皮微观结构和性质，增加吸水率，促进生长。放电等离子体及其活化水的联合作用可显著降低沙打旺的存活率到半致死剂量以下，联合作用后沙打旺转录组测序结果表明，与转录、翻译、酶活性、代谢有关的基因表达显著上调，联合作用有助于调节植物生长过程，提高植物的产量与品质。实验结果表明，利用放电等离子体及其活化水的联合作用，改变种皮结构性质，提高种子亲水性、吸水率，提升 RONS 到达种胚的速度，增加 RONS 的类型、RONS 作用种胚的浓度，筛选到抗性强、返青早、生长旺盛的突变体，培育有价值的种质资源是完全可行的。

在生命科学领域中，生物效应及机制研究以及突变技术的应用在植物和微生物遗传育种中发挥了巨大作用，并极大促进了人们对遗传变异规律、基因表达调控、肿瘤形成机制等重大生物学问题的研究进程，具有重要的理论和实践意义。而应用研究的深度、创新性和可持续性依赖于基础研究。

本书在接下来几章将介绍研究不同放电参数、工作气体的针-板介质阻挡放电特性和规律，利用放电等离子体及其活化水的直接、间接联合作用，改变种皮结构性质，提高种子亲水性，吸水率，提升 RONS 到达种胚的速度，增加 RONS 的类型、RONS 作用种胚的浓度，筛选到抗性强、返青早、生长旺盛的突变体，从表层到分子层面全面立体揭示放电等离子体及其活化水联合作用对生物体的诱变机制。

参考文献

[1] 卢新培. 大气压非平衡等离子体射流 I 物理基础 [M]. 武汉：华中科技大学出版社，2021.

[2] 卢新培. 大气压非平衡等离子体射流 II 生物医学应用 [M]. 武汉：华中科技大学出版社，2021.

[3] 徐学基，诸定昌. 气体放电物理 [M]. 上海：复旦大学出版社，1996.

[4] Lu X，Keidar M，Laroussi M，et al. Transcutaneous plasma stress: from soft-matter models to living tissues [J]. Materials Science & Engineering Reports，2019，138：36-59.

[5] 梅丹华，方志，邵涛. 大气压低温等离子体特性与应用研究现状 [J]. 中国电机工程学报，2020，40：1339-1358.

[6] Scholtz V，Sera B，Khun J，et al. Effects of nonthermal plasma on wheat grains and products [J]. Journal of Food Quality，2019（1）：1-10.

[7] Ito M，Oh J S，Ohta T，et al. Current status and future prospects of agricultural applications using atmospheric-pressure plasma technologies [J]. Plasma Processes and Polymers，2018，15：e1700073.

[8] Sarinont T，Amano T，Attri P，et al. Effects of plasma irradiation using various feeding gases on growth of *Raphanus sativus* L. [J]. Archives of Biochemistry and Biophysics，2016，605：129-140.

[9] Meng Y R，Qu G Z，Wang T C，et al. Enhancement of germination and seedling growth

of wheat seed using dielectric barrier discharge plasma with various gas sources [J]. Plasma Chemistry and Plasma Processing，2017，37：1105-1109.

[10] Xu W Q，Song Z Q，Luan X Y，et al. Biological effects of high-voltage electric field treatment of naked oat seeds [J]. Appl ied Science，2019，9：3829.

[11] Ni J B，Ding C J，Zhang Y M，et al. Electrohydrodynamic drying of Chinese wolfberry in a multiple needle-to-plate electrode system [J]. Foods，2019，8：152.

[12] Zhang Y M，Ding C J，Ni J B，et al. Effects of high-voltage electric field process parameters on the water-holding capacity of frozen beef during thawing process [J]. Journal of Food Quality，2019（1）：1-11.

[13] 宋智青，丁昌江，栾欣昱，等. 高压电晕电场生物效应研究评述 [J]. 核农学报，2019，33：69-75.

[14] 徐文倩，栾欣昱，李一冰，等. 电晕放电等离子体辐射对紫花苜蓿种子的影响 [J]. 辐射研究与辐射工艺学报，2021，39：020401.

[15] 宋智青，陈浩，王景峰，等. 一种细胞分子诱变修饰装置：CN，ZL201721824820. 8 [P]. 2018-07-04.

[16] 宋智青，张涛，丁昌江，等. 细胞分子诱变装置：CN，ZL202121919149.1 [P]. 2022-01-11.

[17] Liu Z J，Xu D H，Zhou C X，et al. Effects of the pulse polarity on helium plasma jets：discharge characteristics，key reactive species，and inactivation of myeloma cell [J]. Plasma Chemistry and Plasma Processing，2018，38：953-968.

[18] Tanakaran Y，Matra K. Influence of multi-pin anode arrangement on electric field distribution characteristics and its application on microgreen seed treatment [J]. Physica Status Solidi A，2018:202000240.

[19] Li Y B，Song Z Q，Zhang T，et al. Spectral characteristics of needle array-plate dielectric barrier discharge plasma and its activated water [J]. Journal of Applied Spectroscopy，2021.

[20] Wu J C，Wu K Y，Ren C H，et al. Comparison of discharge characteristics and methylene blue degradation through a direct-current excited plasma jet with air and oxygen used as working gases [J]. Plasma Science & Technology，2020，22：055505.

[21] Zhang Q F，Zhang H，Zhang Q X，et al. Degradation of norfloxacin in aqueous solution by atmospheric-pressure non-thermal plasma：mechanism and degradation pathways [J]. Chemosphere，2018，210：433-439.

[22] Tomeková J，Kyzek S，Medvecká V，et al. Influence of cold atmospheric pressure plasma on pea seeds：DNA damage of seedlings and optical diagnostics of plasma [J]. Plasma Chemistry and Plasma Processing，2020，40：1571-1584.

[23] Wang X F，Fang Q Q，Jia B，et al. Potential effect of non-thermal plasma for the inhibition of scar formation：a preliminary report [J]. Scientific Reports，2020，10：

1064.

[24] Guo L，Yao Z，Yang L，et al. Plasma-activated water：an alternative disinfectant for S protein inactivation to prevent SARS-CoV-2 infection [J]. Chemical Engineering Journal，2020.

[25] Li Y J，Wang T C，Meng Y R，et al. Air atmospheric dielectric barrier discharge plasma induced germination and growth enhancement of wheat seed [J]. Plasma Chemistry and Plasma Processing，2017，37：1621-1634.

[26] Li L，Jiang J F，Li J G，et al. Effects of cold plasma treatment on seed germination and seedling growth of soybean [J]. Scientific Reports，2014，4：5859.

[27] Bormashenko E，Grynyov R，Bormashenko Y，et al. Cold Radiofrequency plasma treatment modifies wettability and germination Speed of Plant Seeds [J]. Scientific Reports，2012，2：741.

[28] Guo Q，Wang Y，Zhang H R，et al. Alleviation of adverse effects of drought stress on wheat seed germination using atmospheric dielectric barrier discharge plasma treatment [J]. Scientific Reports，2017，7：16680.

[29] Junior C A，Vitoriano J O，Silva D L S，et al. Water uptake mechanism and germination of *Erythrina velutina* seeds treated with atmospheric plasma[J]. Scientific Reports，2016，6：33722.

[30] Wang X Q，Zhou R W，Groot G，et al. Spectral characteristics of cotton seeds treated by a dielectric barrier discharge plasma [J]. Scientific Reports，2017，7：5601.

[31] Chiara L P，Dana Z，Agata L，et al. Plasma activated water and airborne ultrasound treatments for enhanced germination and growth of soybean [J]. Innovative Food Science & Emerging Technologies，2018，49：13-19.

[32] Zhou R，Zhou R，Zhang X，et al. Effects of atmospheric-pressure N_2，He，Air，and O_2 microplasmas on mung bean seed germination and seedling growth [J]. Scientific. Reports，2016，6：32603.

[33] Los A，Ziuzina D，Boehm D，et al. Investigation of mechanisms involved in germination enhancement of wheat（*Triticum aestivum*）by cold plasma：effects on seed surface chemistry and characteristics [J]. Plasma Processes and Polymers，2019，16：e1800148.

[34] Bafoil M，Jemmat A，Martinez Y，et al. Effects of low temperature plasmas and plasma activated waters on *Arabidopsis thaliana* germination and growth[J]. PLoS One，2018，13：e0195512.

[35] Adhikari B，Adhikari M，Ghimire B，et al. Cold atmospheric plasma-activated water irrigation induces defense hormone and gene expression in tomato seedlings [J]. Scientific Reports，2019，9：16080.

[36] Xu W Q，Song Z Q，Li Y B，et al. Effect of DC corona discharge on *Ammopiptanthus Mongolicus* seeds [J]. IEEE Transactions on Plasma Science，2021，49：2791-2798.

［37］徐凯迪，陈浩，宋智青，等．高压电晕电场产生的离子风在紫花苜蓿种子中的穿透深度［J］．内蒙古师范大学学报（自然科学汉文版），2020，49：541-545.

［38］Li Y B，Song Z Q，Zhang T，et al. Gene expression variation of *Astragalus adsurgens* Pall. through discharge plasma and its activated water［J］．Free Radical Biology and Medicine，2022，182：1-10.

［39］邵涛，严萍．大气压气体放电及其等离子体应用［M］．北京：科学出版社，2015.

［40］Fazeli M，Florez J，Simão R. Improvement in adhesion of cellulose fibers to the thermoplastic starch matrix by plasma treatment modification［J］．Composites Part B：Engineering，2019，163：207-216.

［41］Yu Z L. An introduction to ion beam biotechnology［M］．New York：Springer Press，2006.

［42］Feng H Y，Yu Z L，Chu P K. Ion implantation of organisms［J］．Materials Science & Engineering Reports，2006，54：49-120.

［43］Ao T，Gao L，Wang L，et al. Cloning and expression analysis of AP2/EREBP transcription factor gene（MwAP2/EREBP）in *Agropyron mongolicum* Keng［J］．Nanoscience and Nanotechnology Letters，2017，9：2031-2038.

［44］Tian Q，Wang S，Du J，et al. Reference genes for quantitative real-time PCR analysis and quantitative expression of P5CS in Agropyron mongolicum under drought stress ［J］．Journal of Integrative Agriculture，2016，15：2097-2104.

［45］Du J，Li X，Li T，et al. Genome-wide transcriptome profiling provides overwintering mechanism of *Agropyron mongolicum*［J］．BMC Plant Biology，2017，17：138.

［46］Luan X Y，Song Z Q，Xu W Q，et al. Spectral characteristics on increasing hydrophilicity of *Alfalfa* seeds treated with alternating current corona discharge field ［J］．Spectrochimica Acta Part A：Molecular and Biomolecular Spectroscopy，2020，236：118350.

第二章
电晕放电等离子体对种子的生物效应

2.1 概述

　　电晕放电等离子体作为大气压放电等离子体的常见形式之一，是通过一种能发生局部自持电晕放电现象的非均匀电场产生的。电晕放电是一种相对稳定的气体放电形式，也是气体放电中最常见的一种形式。气体的密度及性质、加在电极之间的电压、电极的形状与间距等是决定其电流强度的重要因素。虽然空气一般被认为是非导体，但其中还是包含有少量自然产生的离子，一般情况下空气中的负离子会被尘埃、病毒、病菌等微粒以及带正电的导体吸引而缓缓自行中和。当尖端带电物体置于空气中时，由于尖端曲率半径小，电荷密度大，针尖处聚积的大量电荷会产生很强的电场，吸引离子使它得到很大的加速度，继而与空气碰撞使尖端周围的空气电离，空气由非导体变得极易导电，从而发生局部放电，产生电晕。由静电学理论可知，带电导体携带的电荷集中分布在导体的表面，导体的曲率半径决定面电荷密度大小，针状电极表面的面电荷密度远高于其他部位，因此针尖附近的场强也更大。电晕放电现象只有在两电极之间电势差较高，两电极之间电场分布极不均匀时才会发生。产生电晕放电现象需要具备三个条件：一是施加的电场强度需要能够击穿空气分子；二是电场分布极不均匀；三是外加电压要能使得负载电流达到稳定的微安级。

　　电晕放电等离子体作用过程中，在导体的尖端能观察到紫色辉光放电现象，伴随有"嘶嘶"的声音的同时能闻到臭氧的味道，这是极不均匀电场的特征之一。由于放电等离子体产生过程中放电不均匀的特性，使得气体被电离的过程主要集中在电场较强的放电电极周围，电晕放电时发光较强的区域被称为电晕区或电离区。在电离区以外，由于存在的场强较弱，发生电离、激发和解离也较弱，正负离子和电子的迁移决定电流的运动，所以这个区域被称为外围区或者迁移区。

当逐渐增大放电电压时，首先会发生非自持放电，这个过程是无声的且产生的电流很微弱。电压持续增大到一定值时，就会出现电晕放电现象，两级间的电流突然增大并且在放电电极处能观察到微弱的光，这个电压被称为起晕电压，此时也伴随着等离子体的产生。起晕电压是电晕放电的一个非常重要的参数，它的大小随着压强的降低而降低。当进一步增大电压时，电流也会随之增加，同时随之增加的还有发光层的亮度和厚度以及等离子体的浓度，持续增大电压到一定值时，两级间的气体会被击穿，产生火花放电。电晕放电过程中产生的电流大小不仅与两极间的电压有关，还和电极间距、电极形状、气体密度和压强有关。

现如今，电晕放电等离子体技术被广泛应用到各个领域。

随着科技的发展和环境的恶化，空气除尘以及污染治理技术的创新受到了越来越多学者的关注。传统的空气净化除尘技术主要有化学催化、过滤、负离子等方法，而利用高压电晕电场得到的放电等离子体作为一种新兴空气净化技术，具有适应性强、除尘效率高、管理运行方便等优点，已被广泛运用到各个工业领域。其除尘技术的实质是电晕放电产生的离子风和除尘气体之间的相互作用。主要是利用离子风带动大量细小的电颗粒，转移到需要的区域中，从而达到除尘的效果，并且可以通过改变电压大小改变带电颗粒的速度。研究表明，直流针-板电晕电场放电时，高强度电场对微粒荷电的发生过程极其有利，并可以提高荷电粒子的速度，稳定电场，作为放电区可以更加稳定地进行微粒捕集，经这两方面处理从而实现微粒的高效捕集，进而达到除尘、净化空气的效果。在污染治理方面，与传统的燃煤烟气治理方法相比，电晕放电等离子体技术具有装置简单、投资小、废气脱除率高等优点。吴祖良等利用电晕放电装置混合湿式方法进行脱硫脱硝处理，结果表明，与传统方法相比，这种方法对 SO_2 的吸收有所增强，并且对 NO_x 的脱除率也大大提高。Ma 等利用电晕放电技术，在处理 H_2S 和 PH_3 气体的同时进行除尘，结果表明，对这两种气体和灰尘的脱除率均达到 99% 以上，证实了电晕放电技术可以在高效转化 H_2S 和 PH_3 的同时除尘。

现如今空气中常有病毒存在，如 SARS 病毒、禽流感病毒等均会依托于空气中的飞沫、微粒等在空气中存活，进而使人染病，所以如何杀死空气中的病毒引起人们广泛关注。科学家开始对这一领域进行研究，利用物理、化学或生物技术，对细菌和病毒等对人体有害且易传染的病菌进行灭活。研究者对病毒灭活进行了深入研究，利用针-板电晕放电等离子体杀菌，电晕放电过程中会产生高能电子、紫外线和自由基。其中高能电子和紫外线具有很高的能量，可以通过破坏微生物体来达到灭活病毒的效果，自由基则是依靠其较强的化学活性达到杀菌的效果。电晕放电等离子体在放电过程对微生物的细胞膜产生不可逆的损伤，损害其细胞组织，使微生物失活，进而达到杀菌的目的。关于细胞膜损伤机制，有两种假说研究最为广泛。电崩解假说认为，电场作用时，物料中的微生物相当于一个电容器，细胞膜内外电势差随着电场作用而增加，膜两侧极性相反的离子吸引力增加，进而增大细胞膜两侧的压力。当细胞膜受到的压力大于膜的恢复力时，细胞膜会被破坏。电穿孔假说则认为，电场作用可以改变脂肪分子的结构和开放蛋白质通道，导致细胞膜选择透过性功能丧失，进而造成细胞的膨胀死亡。李霜等人利用高压电场处理牛肉后，发现高压电场对牛肉中微生物的致死率高达 87.33%，而牛肉的品质和口感没有显著性变化。并且高压电场杀菌对环境温度要求比较低，通常短时间作用就能取得较好的杀菌效果。所以针-板电晕放电等离子体灭菌较其他灭菌方法有用时短、效率高等优点。

随着低温等离子体的广泛应用，尤其是在工业领域的应用前景被发现以后，国内外学者开始重点研究如何在大气压下及空气中实现辉光放电来产生低温等离子体。学者研究发现针-板电晕电场可在空气中实现辉光放电，可在空间上发生大规模辉光放电的同时保持足够的稳定性，连续产生的电子能量足够使化学键断裂，且在作用过程中温度不会过高也不会过低。在表面改性方面，因其具有放电均匀、放电时间长以及适当密度的功率等特性，可较为柔和且有针对性地处理材料表面，不至于对被处理材料表面造成损伤，因而有着十分出色的应用前景。针-板电晕放电等离子体通过对被处理物表面产生化学物理刻蚀、改变材料表面化学结构、使材料发生二次反应等过程，来实现对被处理物进行表面改性的效果。与以往的聚合物表面改性方法相比，针-板电晕放电等离子体设备处理技术的优点在于，它利用产生的正负离子、中性粒子、电子、自由基等活性粒子发生作用，无需大量投入水和化学试剂，不会产生有毒副反应物或造成资源浪费、环境污染的情况，具有良好的环保、经济效益。

日本的浅川在 1976 年发现，在高压电场作用下，水的蒸发速度提高，并且其过程消耗很小的能量，这是著名的"浅川效应"，由此开启了高压电场干燥应用的新篇章。相比传统的干燥技术，电晕放电等离子体干燥技术具有能耗低、干燥速率快、品质高等特点。Yu 等利用高压电场处理马铃薯，发现高压电场可以显著提高马铃薯的干燥速率，并且很大程度上保持了还原糖等成分；Ding 等用高压电晕电场干燥胡萝卜片，发现高压电晕电场干燥后胡萝卜素较对照组增加 1.1153 倍；Ni 等利用高压电晕电场干燥枸杞，发现高压电晕电场离子风对干燥速率的影响更大，而非均匀电场对干燥质量参数的影响更大。

在高压电晕电场生物物料解冻方面，He 等利用高压电场解冻猪肉并通过模型拟合，发现高压电晕电场可以显著缩短猪肉的解冻时间，并且在解冻过程中猪肉的中心温度和表面温度差异很小；Zhang 等发现高压电晕电场可以明显缩短牛肉的解冻时间，并且不同极距和电压对解冻过程中牛肉的颜色、损失率、持水性等品质参数都有非常显著的影响；Bai 等通过高压电晕电场解冻虾，发现高压电晕电场处理后虾的品质较空气解冻的品质更好，并且可以对虾表面微生物的生长产生抑制。

此外，针-板电晕放电等离子体技术还可以用在制备臭氧和生物处理方面。电晕法制备臭氧过程可分为三个步骤：高能粒子的产生、氧原子的产生、臭氧的产生。其中臭氧的产生过程包含非常复杂的物理化学反应。传统的制备臭氧的方法有电解法、紫外光照法等，电晕法作为制备臭氧的主要技术之一，它拥有良好的可控性以及效率高等优点。在生物处理方面，针-板电晕放电等离子体技术也有着良好的应用前景，如对种子进行处理。

2.2 电晕放电等离子体生物效应机制

电晕放电等离子体生物效应是由多种因素协同作用产生的，对电晕放电等离子体的物理本质特征分析可知，主要有高压非均匀电场和放电等离子体这两种物理因素对生物体产生影响。

2.2.1 高压非均匀电场生物效应

地球是一个非常复杂的物理环境，不仅存在声、光、热、力和地磁场，还存在着一个由电势为零的地球和电势高达 360kV 的电离层构成的天然电场。地球表面存在着大约 100V/m 的场强，并且大气中每秒钟都有 1800C 的正电荷通过各种渠道流入地下，而地面上生长的各种植物就是这大气中电荷移动的重要通道。自然状态下，静电场的存在已经成为生物体生长、发育过程中必不可少的条件，因此当环境中的电场发生改变也势必会影响生物体的生长发育。例如，在大气电场强度高的地方，植物的光合作用就进行得很快。当场强为零时，植物还会停止吸收 CO_2。如果外部场强足够大，植物甚至还会打破常规，在光补给点下吸收 CO_2。

细胞是生物体物质活动的最基本的单位，细胞膜是细胞和外界环境进行物质交换的屏障，细胞膜的本质是不对称分布的磷脂双分子层结构，膜上带电荷的脂质分子的解离状态决定跨膜电压的大小。在自然状态下，细胞膜内外存在大约为 10^2mV 的跨膜电位差，但当外加电场时，细胞膜两侧出现的附加电压会改变跨膜电位。如果外加电场与膜电位的方向一致，膜电位差会增加，反之则会降低。跨膜电位的改变使得细胞膜两侧带电离子发生吸引、排斥、碰撞等一系列运动，致使细胞膜上出现孔洞。细胞膜的电穿孔现象打破了原有的膜内分子间相互作用力的平衡。在弱电场条件下，细胞膜上孔洞的形成是可逆的，而在强电场刺激作用下，膜穿孔是不可逆的现象。

高压非均匀电场除了对生物体的电穿孔作用以外，还会影响生物体的细胞膜通透性。根据量子力学势垒贯穿效应，细胞膜在自然状态下的跨膜电位形成势垒，当施加附加电场时，膜上的附加电压和跨膜电压叠加，使得势垒发生改变。电子穿透膜的能量主要来自跨膜电场能和热运动能。当能量为 E 的粒子和能量为 V_m 的势垒发生碰撞时，部分粒子可以穿过势垒运动到另一侧。势垒 V_m 的大小影响着粒子的跨膜传递，而 V_m 又取决于外加电场。因此外加电场可以一定程度地影响生物体细胞膜通透性。

2.2.2 放电等离子体生物效应

等离子体又叫"电浆"，是由部分电子被剥夺后的原子团和原子被电离后产生的正负离子组成的离子化气体状物质，是不同于固、液、气体的物质存在的第四种状态，而非一种物质。成为等离子体的物质具有较高温度，内部分子进行剧烈的热运动，导致分子之间的距离增加，同时，原子核外电子脱离原子核成为带负电的自由电子，分子失去电子成为带正电的离子。从整体来看，正负离子的数量相等，因此等离子体整体呈现电中性。

根据热力学性质和能量粒子的大小，可以将等离子体分为高温等离子体和低温等离子体，根据作用时能否产生热量又可以将低温等离子体分为热等离子体和冷等离子体。高温等离子体一般产生于太阳表面的聚变反应，实验室中产生的一般都是低温等离子体，热等离子体一般在电弧放电过程中产生，冷等离子体主要在电晕放电、低压射频放电、辉光放电、介质阻挡放电等过程中产生。

在电晕放电过程中会生成较多低温等离子体，这些等离子体主要包括 $\cdot OH$、H_2O_2、$\cdot O$、N^+、N_2^+、O_2^- 等自由基、活性原子和正负离子，放电过程中发生的相关反应主要有：

$$e^- + N_2 \longrightarrow N_2^+ + 2e^- \tag{2-1}$$

$$\cdot N + O_2 \longrightarrow NO + \cdot O \tag{2-2}$$

$$e^{-*} + H_2O \longrightarrow \cdot OH + \cdot H + e^- \tag{2-3}$$

$$e^{-*} + H_2O \longrightarrow H_2O^+ + 2e^- \tag{2-4}$$

$$H_2O^+ + H_2O \longrightarrow H_3O^+ + \cdot OH \tag{2-5}$$

$$\cdot H + \cdot H \longrightarrow H_2 \tag{2-6}$$

$$\cdot OH + \cdot OH \longrightarrow H_2O_2 \tag{2-7}$$

$$\cdot H + \cdot OH \longrightarrow H_2O \tag{2-8}$$

$$e^{-*} + O_2 \longrightarrow \cdot O + \cdot O + e^- \tag{2-9}$$

$$e^{-*} + O_2 + M \longrightarrow O_2^- + M \tag{2-10}$$

$$e^- + H_2O_2 \longrightarrow OH + \cdot OH \tag{2-11}$$

$$RH + \cdot OH \longrightarrow R \cdot + H_2O \tag{2-12}$$

$$R \cdot + O_2 \longrightarrow ROO \cdot \tag{2-13}$$

$$O + H_2O \longrightarrow H_2O_2 \tag{2-14}$$

$$2H_2O \longrightarrow H_2O_2 + H_2 \tag{2-15}$$

$$H_2O_2 + h\nu \longrightarrow 2 \cdot OH \tag{2-16}$$

$$O_3 + h\nu \longrightarrow O_2 + O \tag{2-17}$$

$$O + H_2O \longrightarrow 2 \cdot OH \tag{2-18}$$

$$O_3 + OH^- \longrightarrow \cdot HO_2^- + O_2 \tag{2-19}$$

$$HO_2^- + H^+ \longrightarrow H_2O_2 \tag{2-20}$$

$$O_3 + H_2O_2 \longrightarrow \cdot OH + HO_2^- + O_2 \tag{2-21}$$

$$O_3 + HO_2^- \longrightarrow \cdot OH + O_2^- \cdot + O_2 \tag{2-22}$$

$$O_2^- \cdot + H^+ \longrightarrow HO_2 \cdot \tag{2-23}$$

$$O_3 + O_2^- \cdot \longrightarrow O_2 + O_3^- \cdot \tag{2-24}$$

$$O_3^- \cdot + H_2O \longrightarrow \cdot OH + OH^- + O_2 \tag{2-25}$$

$$\cdot H + O_3 \longrightarrow \cdot HO_3 \tag{2-26}$$

$$O_3^- \cdot + H^+ \longrightarrow \cdot HO_3 \tag{2-27}$$

$$\cdot HO_3 \longrightarrow \cdot OH + O_2 \tag{2-28}$$

这些离子在电场的作用下形成离子风，同时伴随着紫外线的产生。等离子体的生物效应作用机制主要有以下几个方面：

① 种皮刻蚀和离子注入作用。利用放电等离子体处理水的研究表明，离子风速率可以达到 7m/s，对其下方水面的冲击较大，说明在低温等离子体下方生物体和细胞也会受到相当大小的冲击，对生物体造成严重的刻蚀损伤，加之等离子体注入的各种离子与细胞内的分子发生能量交换、表面沉积、电荷转移等多种反应，沉积的离子与生物分子或原子发生替换、复合和重组，且生物体表面的电荷转移改变了细胞的电位，加快 DNA 突变的产生，进一步加强了等离子体的作用。

② 等离子体活性物质与生物体的作用。由于电晕放电等离子体与生物体作用是在空气中进行的，空气或者生物体中的氧气和氮气会被解离和激发，产生各种 RONS。ROS（活性氧）包括羟自由基（$\cdot OH$）、超氧阴离子（O_2^-）等含氧自由基，还包括单线态氧（$^1O_2$）、过氧化氢（H_2O_2）等含氧分子。ROS 是电磁因果链原初作用中连接物理和生物的一个重要标志物。当等离子体作用到生物样品时，细胞基质中产生的 ROS 会进入细胞中，并与细胞中的大分子发生作用，比如在植物细胞信号转导途径中，ROS 作为第二信使介导植物对激素或环境胁迫的多种应答反应，包括关闭气孔、向地性、细胞程序性死亡、种子发芽以及产生对生物和非生物胁迫的抗性等。RONS 与 DNA 作用后会导致 DNA 发生烷基化或链间交联进而改变细胞的代谢活性及遗传特性，

这是在不破坏细胞和致死的条件下，等离子体改变细胞内遗传物质和代谢过程的主要作用方式之一。常压低温等离子体处理大肠杆菌后，可以使微生物 DNA 损伤，进而造成微生物突变。另外，等离子体作用还会影响生物体的代谢进程，诱导生命体中酶的合成。例如跨膜电势差 ΔE_m 控制线粒体内 ATP 的合成，ATP 的合成又决定于激活的三磷酸腺苷酶的数量，而激活的三磷酸腺苷酶的数量又是跨膜电位差的函数，即 $N=f(\Delta E_m)$。在施加适量电场后，三磷酸腺苷酶的数量增加，促进 ATP 的合成，进而加快细胞生理代谢进程。

③ 等离子体注入与二次电子发射对生物体的影响。等离子体作用于生物体后，由于信号的传导，可以引起在个体水平上存在的辐射长程旁效应，进而引起生物体的损伤突变。研究表明，等离子体对生物体的作用损伤其实是多种低能事件的综合结果。等离子体注入生物体后，首先与生物体内的分子发生作用，形成二次电子，二次电子发射后可以对 DNA 造成损伤。

2.3 电晕放电等离子体处理种子研究进展及特点

2.3.1 种子处理方法研究进展

随着农耕地的减少和人们对作物产量、质量要求的提高，在有限的农耕地上如何种植尽可能高产且生长快的作物成为了农业生产中重要的课题，种子处理技术就是为此而产生的。种子处理技术旨在破除硬实种子的休眠、提高种子的活力以及抗旱抗病虫性、刺激种子的萌发、提高植物的株高根长等多种生长指标，解决实际问题。种子处理技术已发展出多种方法投入使用。

等离子体处理技术是一种新兴的高效处理技术，通过对种子进行等离子体处理，来达到促进种子萌发、提高植物产量品质的目的。目前，在农业领域，等离子体种子处理技术逐步发展成熟，凭借设备简单、易操作、安全、作用柔和等特点取代部分传统的技术手段的同时也占据了重要的地位。已有研究表明放电等离子体可以促进豌豆、小麦、番茄、穿心莲等多种植物种子的萌发、生长，提高产量；可以通过提高大豆种子表面的亲水性，进而提高种子的萌发速度；可以对小麦种皮产生刻蚀作用，进而提高其吸水能力；可以改变刺桐和棉花种子的亲水性。

前人研究表明，等离子体对种皮的作用可能导致活性物质（如活性离子）和紫外线渗透到种子中，可能影响种子的生理反应、萌发和生长。研究结果表明，经过空气、N_2 和 Ar 等离子体处理后，种皮的形态发生了变化，这表明在使用 DBD 等离子体处理种子期间，会产生离子反应和 UV 的刻蚀效应。Ji 等在用 DBD 等离子体和脉冲放电等离子体处理菠菜种子时也观察到类似的现象。Bormashenko 发现等离子体处理燕麦种皮影响了其润湿性、吸水性和发芽。此外，经空气、N_2 和 Ar 等离子体处理后，小麦种皮的变化也可以提高其透气性，从而促进水分吸收和种子萌发。经过空气、N_2 和 Ar 等离子体处理后，小麦种子的相对电导率提高。

利用高压静电场得到的放电等离子体处理技术是近年来研究者广泛注意的生物物理手段，具有易于操作、环保无污染等特点。已有研究表明，高压静电场对种子的萌发及生长有促进作用。

研究者利用不同强度的高压静电场对高粱种子、大豆干种子进行处理，实验结果发现高压静电场处理种子对种子的发芽、幼苗的生长都有一定的促进作用，同时处理后检测幼苗的生长指标、生理生化指标，如种子浸出液电导率、酶活性、叶绿素含量等发现这些指标都有不同程度的变化。

2.3.2　电晕放电分类及特点

在关于电晕放电的研究中，通常应用到两种模式，一种是直流电晕，另一种是交流电晕。根据极性又可分为正电晕、负电晕。对于放电极性来说，拥有小曲率半径的电极的极性是决定电晕放电的极性的关键。若曲率半径小的电极带正电，则发生正电晕，反之则发生负电晕。根据出现电晕电极的数目可分为单、双极电晕以及多极电晕。双极电晕是指在正负极上都会发生电晕的情况，此时两电极的曲率半径都很小，且在电极的附近都有极强的电场。

正电晕的传播通常是通过光电离，它的特点是流注脉冲增加到一定时电场将产生畸变，无法发展新的流注。而负电晕主要是靠气体分子发生碰撞以此来实现传播的，它的特点是形式稳定，击穿电压值大于正电晕。条件一致的情况下，正电晕的放电电场强度是高于负电晕的电场强度的。在电晕放电研究领域，许多人都有了重大发现，特里切尔就是其中之一。电晕电流现象就是他发现的，后来人们将呈现周期性的电晕电流的脉冲形式称为特里切尔脉冲。特里切尔的实验发现负电晕脉冲具有一定的规律性，而正电晕脉冲则是缺乏规律的。

根据不同的放电特性，常用的电极结构包括平板电极、棒板电极、多针-板电极以及同轴电极等。鉴于电晕放电具有十分高的稳定性且输出功率高，以及可调节、方便使用等特点，阵列式多针-板电晕放电电极结构被设计制作并投入使用。目前针-板电晕放电等离子体技术已被应用到多个方面。

2.3.3 电晕放电等离子体的生物学效应

2.3.3.1 电晕放电等离子体处理对种子萌发指标的影响

种子的萌发指标包括其发芽势、发芽率等，在种子萌发阶段，上述指标可用来判断其质量，凭借其产生的明显变化评价种子处理手段的优劣。

也就是说，在放电等离子体处理后，可以通过检测萌发指标的变化，与对照组也就是未经放电等离子体处理的种子比对研究放电等离子体处理手段效果如何。

已有的研究表明，植物种子在经过不同条件的电场处理后，上述萌发指标均有不同程度的提高，综合分析表明，在适宜的放电等离子体处理条件下，能够提高种子的萌发指标，并且对种子生长发育进行改善。

2.3.3.2 电晕放电等离子体处理对种子幼苗生长指标的影响

种子幼苗的生长指标包括苗长、鲜重等，可以用来判断植物长势以及健康状况、苗壮程度，它的变化与上述的萌发指标有关。这些指标的检测结果可以非常清晰地展现一株植物的生长状况，间接说明种子的活力水平，因为幼苗生长指标的变化与萌发指标有着一定的正相关的联系。已有的研究结果发现，使用适宜条件的电场处理柠条种子、大豆种子、茄子种子，可以提高它们的幼苗的鲜重、干重、根长、苗长等，其中柠条幼苗的干重比处理前提高了20%左右，根长的提高接近30%，茄子的各项指标的平均值皆比对照组高，说明放电等离子体处理确实可以使幼苗的生长指标发生变化。

2.3.3.3 电晕放电等离子体处理对种子生理生化指标的影响

对于种子来说，细胞膜的完整性是非常重要的，它是种子保持活力的基础，若细胞膜破损严重，种子可能出现萌发较慢、生长状况不好甚至完全失去活力的情况。检测种子浸出液的电导率，能够间接判断出种子的活力，因为种子浸出液的电导率能够反映细胞膜的完整性，电导率越低说明膜越完整，反之说明外加处理导致膜的通透性增加,细胞膜发生破损造成电解质的外渗,导致电导率的升高,二者是正相关的。

检测放电等离子体处理后种子浸出液的电导率,与未经处理的种子的浸出液对比,可以进一步从细胞膜的角度分析放电等离子体处理对种子产生的影响。

研究者为选取合适的浸种时间,用高压静电场先对茄子种子进行处理,实验结果发现茄子种子浸出液的电导率会随浸种时间的变长而升高,选取适宜的处理条件对实验进行优化以后再次处理种子,检测发现处理后的电导率与未处理组相比,都有所降低,说明细胞膜更加完整,促进了种子的活力。为筛选出适宜的电场处理强度,国内研究学者将大豆种子放入电场中,实验过程中逐步增大场强,发现种子浸出液的电导率先升高后降低,说明过高的静电场无法使细胞膜修复,同时还会造成更大的损伤。

2.3.3.4 电晕放电等离子体处理对种子其他方面的影响

在电晕放电等离子体处理过程中,随着放电电压的升高,电晕放电可以使空气电离产生放电等离子体和大量的 RONS,从而在电晕放电场的作用下形成离子风。RONS 能与生物活性分子发生反应,改变其结构。在电晕放电等离子体中,离子风和非均匀电场共同构成活性成分(RAs),RAs 可以直接穿透处理体,甚至产生继发效应。

傅里叶变换红外光谱(FTIR)法是通过测量干涉图和对干涉图进行傅里叶变化的方法来测定红外光谱,根据光谱图的不同特征,可对被测物进行化学结构的判断、功能团的鉴定,可以实现对被测物质进行化学反应发生过程的推断,分析物质的含量等。傅里叶变换红外光谱法具有仪器操作方便、分析速度快、非破坏性和样品用量小、制样简单、重现性好、具有专属性指纹等特性。Wang 等在 FTIR 光谱中观察到,空气放电等离子体通过氧化种皮上存在的有机组分对种子表面进行化学蚀刻。

另外,不同气体电晕放电等离子体对种子不仅有直接作用,还有等离子作用后产生的 ROS 等多种活性粒子造成的间接作用和旁效应,ROS 是电磁因果链原初作用中连接物理和生物解释的一个重要标志物,其波动是辐射信号传导中最重要的信号分子。已有的研究表明,ROS 在辐射旁效应中起到了关键的作用,同时 ROS 也可以通过影响细胞周期、细胞微管系统和细胞壁弹性等直接作用，或者通过影响其他途径的间接作用影响和调节植物的生长发育和形态建成。陈浩等的实验结果发现低能等离子体注入会使 ROS 含量发生显著变化。

2.4　交流电晕放电等离子体处理裸燕麦的生物效应

2.4.1　裸燕麦简介

燕麦是禾本科燕麦属一年生草本植物，根据种子有无壳分为裸燕麦和皮燕麦两种类型。世界多国主要种植皮燕麦，我国则主要种植裸燕麦。在中国，燕麦在谷物产量中排名第六，仅次于小麦、玉米、大米、大麦和高粱。我国种植裸燕麦的历史悠久，至少有 2100 年的历史。中国大部分燕麦产品，包括燕麦片、面粉和燕麦米，都是用裸燕麦做的，主要用来降低人类的胆固醇水平。裸燕麦俗称"莜麦"，因其耐旱、抗病、耐贫瘠的特点，是我国干旱和半干旱地区的特色优势作物，也是适应性强、高产量的粮草兼用型作物，播种面积占全国燕麦播种面积的 90%，主要播种地区集中在山西、河北、内蒙古。作为北方地区传统的粮食，裸燕麦具有丰富的营养价值和生理价值，裸燕麦的蛋白质含量在谷类粮食中最高，与其他谷物食品相比，裸燕麦含糖量低，富含膳食纤维，裸燕麦中可溶性纤维 β-葡萄糖含量高，许多研究证明裸燕麦对预防心脏病有效，长期食用有预防心血管疾病、降低血清胆固醇、改善短期和长期记忆功能等效果，是保健型粮食作物。由于其生长周期短、适应性和抗逆性强，是水资源匮乏地区的理想作物，种植裸燕麦对农牧业生态环境建设有重要作用。但在实际生产中，种类少、单位面积产量低、品质良莠不齐等问题限制了裸燕麦的生产发展。随着人民生活水平的提高，人口剧增带来的粮食需求不断增加，畜牧业快速发展，饲草需求量猛增，饲草短缺的状况愈加明显，中国的裸燕麦主产区与半农半牧区相结合，选育出产量高、品质优、抗旱、耐瘠、粮草兼用的新品种裸燕麦就显得尤为重要。因此，研究电晕放电等离子体对裸燕麦种子的生物效应对提高裸燕麦的质量和产量都具有非常重要的意义。

2.4.2　实验条件

采用的实验装置如图 2-1 所示。电源为交流电，电压为 0～50kV 连续可调，频率为 50Hz。电极系统是针横纵间距均为 4cm、针长为 2cm 的多针-板极阵列，接地端为平面铝板，电极尖端到接地端的距离为 4cm。

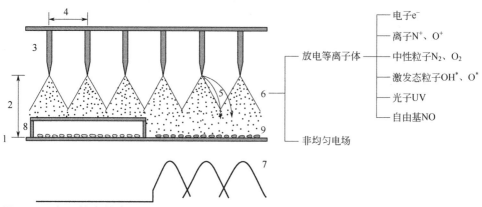

图 2-1　电晕放电等离子体原理图

1—接地电极；2—极距；3—针状电极；4—针间距；5—电场线；
6—电晕放电场因数组成；7—等离子体分布；8—遮挡物；9—种子

供试的裸燕麦种子为坝莜 1 号，实验前剔除不良籽粒，挑选出大小均一、籽粒饱满的种子，用蒸馏水快速冲洗三次去除表面杂质及浮土后自然晾干。将挑选后的种子均匀摆放在直径为 10cm 的培养皿内，每个培养皿 100 粒种子。然后把样品分成两组，一组电晕放电等离子体直接暴露处理，另一组加厚度为 1mm 的聚丙烯培养皿盖遮挡。采用电压为 0kV（对照组）、4kV、8kV、12kV、16kV、20kV 对上述两组样品进行同时处理，处理时间为 10min，每次处理重复三次。直接暴露组记为 0kV（对照组）、4kV、8kV、12kV、16kV和 20kV，培养皿盖遮挡组分别记为 0kV（对照组）、4kV+遮挡、8kV+遮挡、12kV+遮挡、16kV+遮挡、20kV+遮挡。实验温度为 24℃±2℃，湿度为30%±5%。

2.4.3　交流电晕放电等离子体中离子风速率变化

使用热线式风速仪（405i，Ruice Electronics Technology Co.，Ltd.）测量不同电压下的离子风速率。遮挡组测量时在培养皿盖侧面开一个直径为

0.8cm 的圆孔，风速仪探头由此孔进入检测，每个处理组重复三次，结果取平均值。图 2-2 为不同电压下电晕放电等离子体处理的离子风速测试结果。如图 2-2 所示，直接暴露组电压为 4kV、8kV、12kV、16kV、20kV 时离子风速率分别为 0m/s、0.114m/s、0.215m/s、0.330m/s、0.447m/s，直接暴露组离子风速率随着电压的升高而增加。由于培养皿盖遮挡，遮挡组的离子风速近乎于零，表明培养皿盖遮挡可以非常有效地阻断离子风。

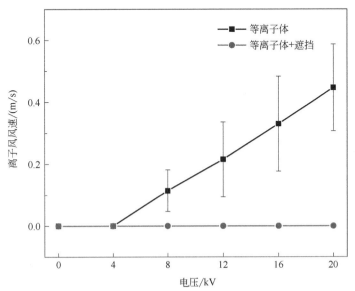

图 2-2　交流电晕放电等离子体中离子风速率变化

2.4.4　裸燕麦种子漂浮率、吸水率和浸出液电导率

处理后的种子用精度为 0.0001g 的电子天平进行称量并标记，在培养皿中加入 20mL 去离子水，统计各组种子漂浮的数量。待浸种 20h 后，用电导率仪（DDSJ-318，Shanghai Yitian Scientific Instrument Co.，Ltd.）测试种子浸出液的电导率，用滤纸吸干种子表面的水分，并称量种子吸水后的质量。漂浮率和吸水率分别用式（2-29）和式（2-30）计算：

$$R_{漂浮率} = \frac{n_{漂浮}}{n_{浸种}} \times 100\% \qquad (2\text{-}29)$$

$$R_{吸水率} = \frac{m_{吸水后} - m_{吸水前}}{m_{吸水前}} \times 100\% \qquad (2\text{-}30)$$

式中，$n_{漂浮}$ 为漂浮的种子数；$n_{浸种}$ 为浸种的种子总数；$m_{吸水后}$ 为吸水后种子的质量；$m_{吸水前}$ 为吸水前种子的质量。

浸种时种子的亲水性如图 2-3 所示，可以看出，经电晕放电等离子体处理后，裸燕麦种子的亲水性均有不同程度的提升，并且直接暴露组提升更多。由图 2-4 可以看出，遮挡处理后的种子漂浮率与对照组相比显著降低，并且与直接暴露组相比，遮挡处理后种子的漂浮率减小，表明直接暴露处理能更好地提高种子的亲水性。

图 2-3 交流电晕放电等离子体处理后，裸燕麦种子的亲水性变化

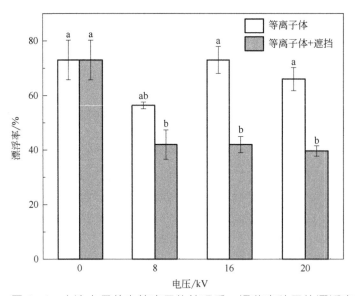

图 2-4 交流电晕放电等离子体处理后，裸燕麦种子的漂浮率变化

（不同小写字母表示在 $P < 0.05$ 水平上具有统计学显著差异）

经交流电晕放电等离子体处理后，裸燕麦种子的吸水率如图 2-5 所示。由图 2-5 可知，电压为 4kV、12kV、16kV 和 20kV 时无论有无遮挡处理，种子的吸水率与对照组相比都有了明显的升高，电压为 8kV 直接暴露处理后，吸水率显著降低。从整体上看，除 8kV 直接暴露组之外，其余处理组的吸水率较对照组都有不同程度的提高；各电压下遮挡组吸水率都有不同程度的升高。

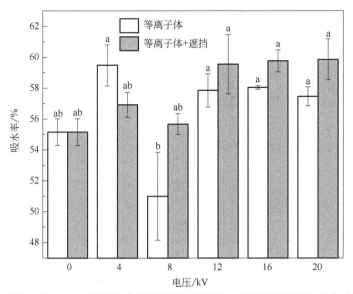

图 2-5　交流电晕放电等离子体处理后，裸燕麦种子的吸水率变化

（不同小写字母表示在 $P < 0.05$ 水平上具有统计学显著差异）

种子的浸出液电导率反映细胞膜的完整性，电导率高说明外加电场致使细胞膜破裂，细胞膜通透性增大，细胞内电解质外渗。经交流电晕放电等离子体处理后，裸燕麦种子的浸出液电导率如图 2-6 所示。由图 2-6 可知，对照组的平均电导率为 0.77mS/cm，在电压 4kV、12kV、16kV 处理后无论有无遮挡，与对照组相比差异均不明显。电压为 8kV 处理组无论有无遮挡，裸燕麦种子的浸出液电导率较对照组都降低。电压为 20kV 直接暴露处理组平均电导率为 0.86mS/cm，与对照组相比差异明显，而经遮挡处理后，电导率为 0.73mS/cm，与直接暴露组相比有明显差异。从整体上看，直接暴露组随着电压的升高，电导率呈现出先降低后升高的非单调变化趋势，而经遮挡处理后，各组的电导率均低于对照组。

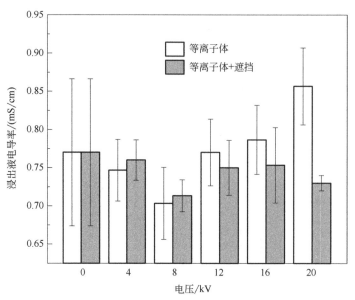

图 2-6　交流电晕放电等离子体处理后，裸燕麦种子的浸出液电导率变化

2.4.5　裸燕麦种子发芽试验

将称量后的种子放在含有 3 层滤纸的培养皿中，每天向各培养皿中加入适量蒸馏水以保持恒定的水分。将种子置于 26℃的光照培养箱中恒温培养，种子出芽后，将光照培养箱中的光照调至 140lx，每天光照 14h，黑暗 10h。第 3 天统计种子发芽势，第 5 天统计种子发芽率，第 10 天每组随机挑选 15 株幼苗测试苗高和鲜重，结果取平均值。种子发芽势（GP）和发芽率（GR）计算公式如下：

$$GP = \frac{n_3}{n_{\text{总}}} \times 100\% \qquad\qquad （2\text{-}31）$$

$$GR = \frac{n_5}{n_{\text{总}}} \times 100\% \qquad\qquad （2\text{-}32）$$

式中，n_3 为第三天种子的发芽数；$n_{\text{总}}$ 为种子总数；n_5 为第五天种子的发芽数。

图 2-7、图 2-8 分别为交流电晕放电等离子体处理后裸燕麦种子的发芽势和发芽率。由图可以看出，裸燕麦种子的发芽势和发芽率变化趋势相似，各电压下直接暴露处理对裸燕麦种子发芽全部表现为抑制作用。电压为 8kV 时，遮挡处理对裸燕麦种子的发芽有促进作用，而随着电压的升高，12kV 和 16kV 电压作

用下，无论是否遮挡处理对裸燕麦种子的发芽都有抑制效果，20kV 电压作用下遮挡处理对种子发芽势表现为促进作用。经遮挡处理后，裸燕麦种子的发芽势和发芽率整体趋势呈现出典型的非均匀电场生物效应曲线，即非单调振荡型曲线。

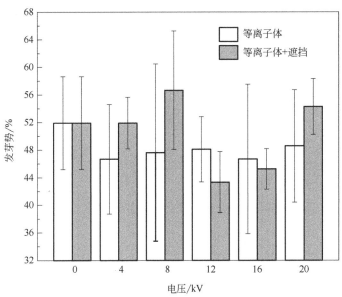

图 2-7　交流电晕放电等离子体处理后，裸燕麦种子的发芽势变化

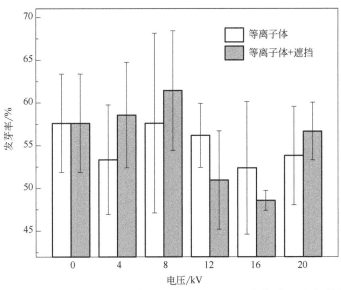

图 2-8　交流电晕放电等离子体处理后，裸燕麦种子的发芽率变化

2.4.6 交流电晕放电等离子体对裸燕麦幼苗生长的影响

交流电晕放电等离子体处理后，裸燕麦幼苗苗高、鲜重如图 2-9、图 2-10

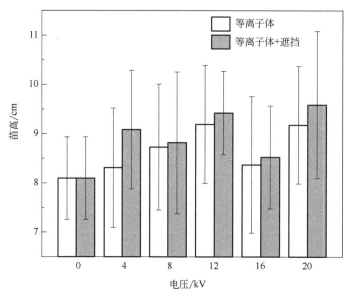

图 2-9 交流电晕放电等离子体处理后，裸燕麦幼苗苗高变化

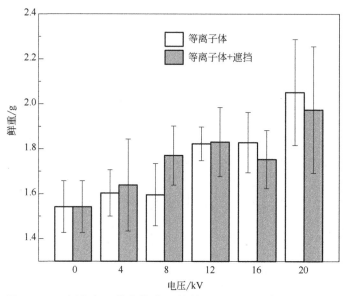

图 2-10 交流电晕放电等离子体处理后，裸燕麦幼苗鲜重变化

所示。由 2-9 可以看出，未经处理的裸燕麦幼苗苗高为 8.09cm，经交流电晕放电等离子体处理后，直接暴露组幼苗苗高分别增加至 8.30cm、8.72cm、9.19cm、8.36cm、9.17cm，遮挡组幼苗苗高分别增加至 9.08cm、8.81cm、9.42cm、8.52cm、9.59cm。表明无论有无遮挡，裸燕麦幼苗的苗高都有了不同程度的增加，并且与直接暴露组相比，遮挡组苗高增加更多。由图 2-10 可以看出，对照组幼苗鲜重为 1.54g，经 20kV 电晕放电等离子体暴露处理后，幼苗鲜重增加至 2.05g，较对照组增加了 33.12%，从整体趋势上看，随着电压的增加，幼苗的鲜重也呈现出上升趋势。

2.4.7 交流电晕放电等离子体对裸燕麦种皮微观形貌的影响

对不同处理组的种子进行喷金后用导电双面胶固定在样品台上，使用扫描电子显微镜（SU8020，Hitachi Corporation）对等离子体处理后的种皮进行检测和拍照。交流电晕放电等离子体处理前后裸燕麦种皮的微观形貌如图 2-11 所示，图 2-11（a）对照组可以清晰地观察到网络结构，并能够清晰地看到这些方形网络结构的边界。如图 2-11（b）所示，经 8kV 直接暴露处理后，种皮表面产生小裂痕，并且明显看出表面裂痕多于 8kV 遮挡处理后的种皮

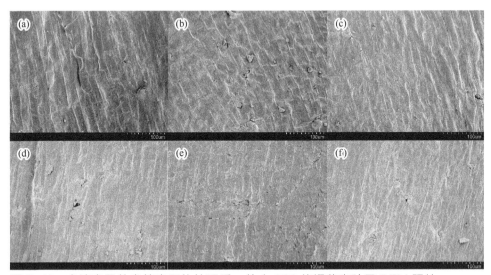

图 2-11　交流电晕放电等离子体处理后，放大 300 倍裸燕麦种子 SEM 照片

（a）未经处理；（b）8kV 电压下直接暴露处理；（c）8kV 电压下遮挡处理；（d）16kV 电压下直接暴露处理；（e）20kV 电压下直接暴露处理；（f）20kV 电压下遮挡处理

[图 2-11（c）]。从图 2-11（d）和（e）可以看出，相比对照组和 8kV 处理组，16kV 和 20kV 直接暴露处理后表面网络结构边界变得模糊，难以识别，且随着电压的升高，表面裂痕更加明显。由图 2-11（f）可以看出，20kV 遮挡处理后，种皮表面裂痕较直接暴露组明显减少。无论是否有培养皿盖遮挡，电晕放电等离子体都可以改变裸燕麦种皮的化学结构和表面微观形貌，但遮挡处理能有效地降低离子风刻蚀。直接暴露时，多因素协同作用对种皮的微结构影响更大，说明较非均匀电场，离子风刻蚀对种皮的微观形貌影响更大。

2.4.8 交流电晕放电等离子体处理对种皮红外光谱的影响

用玛瑙研钵将干燥后的种皮研磨成粉末，然后将粉末样品与溴化钾按 1∶100 的比例混合均匀，并用 80 目标准筛过滤。使用压片机（HY-12，Tianguang Spectrometer Co., Ltd.）压片成型。使用傅里叶变换红外光谱仪（Nicolet IS10, Thermo Nicolet Corporation）扫描样品，光谱范围为 4000～400cm^{-1}，扫描次数为 40 次，分辨率为 4cm^{-1}，扫描过程中扣除二氧化碳和水的干扰。交流电晕放电等离子体处理后裸燕麦种皮的红外光谱如图 2-12（见文后彩插）所示。由图 2-12（a）可知，电晕放电等离子体处理后，无论有无培养皿盖遮挡，在 3281cm^{-1}、1646cm^{-1}、1542cm^{-1}、1412cm^{-1}、1035cm^{-1} 处，吸收峰强度都有所增强，并且直接暴露组增强程度大于遮挡组。而在 1709cm^{-1}、1243cm^{-1} 处，吸收峰强度减弱。16kV 处理后，峰值强度变化较 16kV+遮挡处理组更为明显，表明加遮挡能有效降低种子表面刻蚀。特别有趣的是，如图 2-12（b）所示，除 8kV+遮挡组外，电晕放电等离子体处理后在 1740cm^{-1} 附近均形成一个新的吸收峰，且在 1035cm^{-1} 附近吸收峰形状发生了变化。3281cm^{-1} 附近为 N—H 和 O—H 基团伸缩振动吸收谱带，主要来自多糖、糖苷、氨基酸、蛋白质和糖醇；2923cm^{-1} 附近为 CH$_3$ 基团的不对称伸缩振动吸收谱带，主要来源于脂类和蛋白质；2853cm^{-1} 附近为 CH$_2$ 基团的对称伸缩振动吸收谱带，主要来自膜脂；1709cm^{-1} 附近为 C=O 伸缩振动，表示角质层和蜡质；1646cm^{-1} 和 1542cm^{-1} 附近分别为蛋白质酰胺Ⅰ带和酰胺Ⅱ带，酰胺Ⅰ带由 C=O 基团伸缩振动和 C—N 基团伸缩振动耦合而成，酰胺Ⅱ带由 N—H 和 C—N 基团伸缩振动耦合而成；1412cm^{-1} 附近为 CH$_2$ 基团的弯曲振动，主要来自蛋白质和核酸；1243cm^{-1} 附近为磷酸二酯基团的不对称伸缩振动吸收谱带，主要来自核酸的磷酸二酯骨架振动和生物膜中的磷脂；1035cm^{-1} 附近为对称伸缩振动吸收谱带，主要来自生物膜中的磷脂和糖类的 C—O—C 振动。电晕放电等离子体处理后，FTIR 的部分峰有不同程度的增强或减弱及形成新吸收峰，表明电晕放电等离子体处理对裸燕麦种皮进行了化学刻蚀，改变了裸燕麦种皮的化学结构。

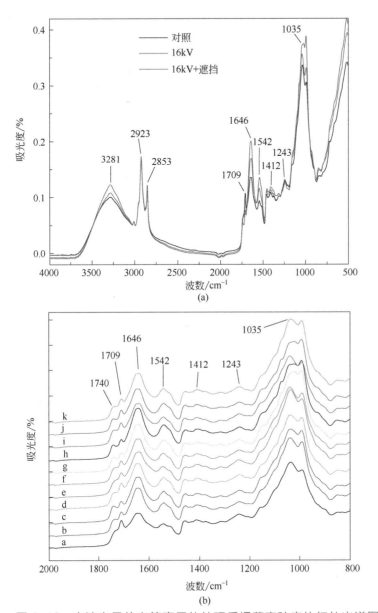

图 2-12　交流电晕放电等离子体处理后裸燕麦种皮的红外光谱图

（a）16kV 交流电晕放电等离子体处理前后裸燕麦种皮的红外光谱图；（b）不同电压放电等离子体处理前后裸燕麦种皮的红外光谱图，其中 a、b、c、d、e、f、g、h、i、j、k 分别为对照组、4kV、4kV+遮挡、8kV、8kV+遮挡、12kV、12kV+遮挡、16kV、16kV+遮挡、20kV、20kV+遮挡

2.4.9 幼苗 ROS 含量测定

在接种后第 3 天和第 7 天，随机选取 3g 同一处理组的裸燕麦幼苗，冰浴研磨后进行 ROS 含量的测试。检测采用的底物是 2',7'-二氯氢化荧光素乙二酯（CM-H$_2$DCFDA）。其检测原理是：CM-H$_2$DCFDA 为不发光的荧光染料，进入细胞后，在脱脂酶的作用下脱去二酯生成 2',7'-二氯氢化荧光素（DCFH），细胞内的活性氧自由基将无荧光的 DCFH 氧化成发荧光的 2',7'-二氯荧光素（DCF），由于自由基的含量和荧光探针的荧光强度是成正比的，所以对 DCF 的荧光强度进行检测，可以定性定量观测到 ROS 的静态和动态变化。具体实验操作步骤采用 Babu 等人的方法，待测样品混合 10mmol/L 的 CM-H$_2$DCFDA 在 25℃避光条件下反应 30min。在黑暗条件下将样品混合液置于含有 100μL 蒸馏水的 96 孔板中，放入酶标仪 [SPECTRAMAX I3，MOLECULAR DEVICES（MD）Corporation，USA] 中，在激发光波长为 485nm 的条件下，检测 530nm 发射光的荧光强度，每个处理组进行 6 次以上重复。ROS 不仅调控着植物的生长、发育等生物反应过程，同时还作为信号分子参与细胞分化和细胞生产的过程。如图 2-13 所示，对照组的平均相对荧光强度为 136，接种后第三天直接暴露处理和遮挡处理后的 ROS 含量变为 74 和 64，均低于对照组，并且直接暴露组 ROS 水平略高于遮挡处理组。接种后第七天，对照组的平均相对荧光强度为 143，与第三天没有显著性差异，直接暴露组和遮挡组的平均相对荧光强度变为 49 和 30，无论有无遮挡处理，ROS 含量较第三天均明显降低，并且直接暴露组 ROS 含量略高于遮挡组。研究表明，ROS 在细胞增殖、分化和凋亡中发挥着重要作用，并且拥有信号分子的功能。ROS 是电磁因果链原初作用中连接物理和生物解释的一个重要标志，等离子体作用后，在细胞基质中产生的 ROS 进入细胞，与细胞中的大分子发生作用，从而改变细胞的代谢活性和遗传特性。大量的研究表明，ROS 在高浓度下对有机体有害，而在低浓度下，ROS 能作为第二信使介导植物对激素或环境胁迫的多种应答反应。结合图 2-7 和图 2-8，16kV 处理下，直接暴露处理后种子发芽势和发芽率均高于 16kV 遮挡处理，并且经电晕放电等离子体处理后的种子发芽势和发芽率都明显低于对照组。接种后第三天处理后种子的发芽势明显低于对照组，直接暴露组发芽势略高于遮挡组。第七天裸燕麦种子处理组的发芽率明显低于对照组，直接暴露处理组发芽率略高于遮挡处理组，可以看出，随着 ROS 含量的降低，种子的发芽率也呈现出降低的趋势。可以得出结论，电晕放电等离子体处理后导致 ROS 水平的降低，不利于裸燕麦种子的萌发。

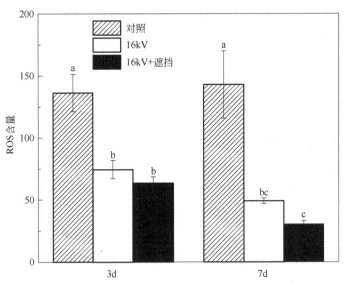

图 2-13　交流电晕放电等离子体处理后，裸燕麦幼苗的 ROS 含量变化

（不同小写字母表示在 $P < 0.05$ 水平上具有统计学显著差异）

2.4.10　小结

① 无论有无遮挡处理，电晕放电等离子体均能对裸燕麦种皮产生刻蚀，并且直接暴露组比遮挡组刻蚀更为严重，表明离子风刻蚀对种皮的微观形貌影响更大。培养皿盖遮挡可以有效减小放电等离子体对种子的物理刻蚀程度，同时降低种子接受的场强，并使种子接受的辐射电场更趋均匀。

② FTIR 结果显示，电晕放电等离子体处理可使种皮中亲水物质含量增加，纤维素、蜡质等疏水物质含量减少，增加种子亲水性。研究发现，大部分电晕放电等离子体处理组可在 $1740cm^{-1}$ 处形成一个新的吸收峰，该吸收峰与种子的亲水性密切相关。并且直接暴露组红外光谱变化更为剧烈，进一步表明了离子风刻蚀比非均匀电场对种皮的微观结构影响更大。

2.5 直流电晕放电等离子体处理蒙古沙冬青的生物效应

2.5.1 蒙古沙冬青简介

蒙古沙冬青属于豆科沙冬青属，是中亚荒漠地区特有的超旱生常绿阔叶灌木和珍稀濒危植物，根据化石证据，中国西北地区的植被在第三纪早期以常绿阔叶林为主，但随着中亚气候变得越来越干燥和寒冷，森林逐渐被草原和沙漠取代。由于蒙古沙冬青对干旱、高温、高盐度、寒冷和冰冻胁迫具有较高的耐受性，使得其可以在多重压力的环境中生长，成为了古地中海第三纪孑遗植物，目前已被列为国家三级珍稀濒危保护植物。作为一种典型的抗旱、抗寒、耐盐碱资源植物，它主要生长在我国内蒙古自治区、宁夏回族自治区以及甘肃省的沙漠和半沙漠地区，由于这种植物在维持沙漠植被方面具有很高的研究价值和生态用途，因此被称为"活化石"。

沙漠生态系统目前至少覆盖地球陆地表面的 35%，在中国，沙漠面积约为 70 万平方公里，占全国陆地总面积的 7%。此外，由于全球变暖加剧和持续的人类活动的影响，全球沙漠地区仍在扩张。保护特有沙漠植物的遗传资源对于遏制荒漠化、防止干旱和半干旱地区脆弱生态系统进一步恶化以及维护沙漠生物多样性至关重要。沙冬青是包括中国北方在内的中亚沙漠和干旱地区唯一的常绿阔叶灌木植物，在维持沙漠生态系统和延缓进一步荒漠化方面起着至关重要的作用。由于气候变化，蒙古沙冬青种群呈现出老龄化趋势且数量正在减少，亟须加强基础研究和保护。蒙古沙冬青通过种子来实现种群的繁衍，作为豆科植物，蒙古沙冬青种皮有一层坚密的蜡状物并具有革质特性，阻碍水分吸收，导致无法吸胀进而抑制种子萌发。图 2-14 为扫描电子显微镜下沙冬青种皮的横切面超微结构，可以看出，沙冬青种子的外种皮表皮层细胞排列紧密，内种皮细胞排列较为疏松。因此蒙古沙冬青不易打破休眠，种子普遍具有硬实现象，如何降解或破坏蒙古沙冬青种皮角质层，是改变种皮亲疏水性、提高润湿性、增加吸胀、破除硬实率以及适应内蒙古沙漠地区水分含量低的环境、提高萌发率、促进生长、保护濒危蒙古沙冬青的关键问题。

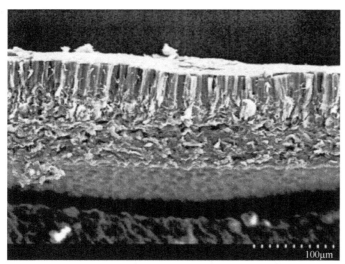

图 2-14　扫描电子显微镜下沙冬青种皮的横切面超微结构

2.5.2　实验条件

供试的蒙古沙冬青种子从中国内蒙古鄂尔多斯市沙漠地区采集，实验前剔除不良籽粒，挑选出大小均一、籽粒饱满的种子，用蒸馏水快速冲洗三次去除表面杂质及浮土后自然晾干。研究采用如图 2-1 所示的装置，高压电源为直流输出，电压为 0～70kV 连续可调。高压电极为针阵列，纵横针间距均为 4cm，针长为 2cm，极距为 1cm，接地电极为 40cm×60cm 的平面铝板。将挑选好的种子均匀摆放在直径为 9cm 的培养皿中，每个培养皿 50 粒。然后把样品分为两组，一组采用电晕放电等离子体直接暴露处理，另一组用厚度为 1mm 的聚丙烯培养皿盖遮挡。采用电压为 0kV（对照组）、4kV、8kV、12kV、16kV 对上述样品进行处理，处理时间为 30min，每个处理重复三次。直接暴露组记为 0kV（对照组）、4kV、8kV、12kV 和 16kV，培养皿盖遮挡组分别记为 0kV（对照组）、4kV+遮挡、8kV+遮挡、12kV+遮挡和 16kV+遮挡。实验温度为 22℃±2℃，湿度为 30%±5%。

2.5.3　直流电晕放电等离子体中离子风速率变化

图 2-15 为不同电压下直流电晕放电等离子体处理的离子风速率测试结果。由图 2-15 可以看出，电晕放电起晕电压为 4kV 左右，直接暴露组离子风速率随着放电电压的升高呈现单调上升趋势，16kV 时，离子风速率最大，

达到了 0.9m/s。而遮挡组由于培养皿盖阻挡，离子风速率近乎于零，表明培养皿盖遮挡可以有效地阻断离子风。

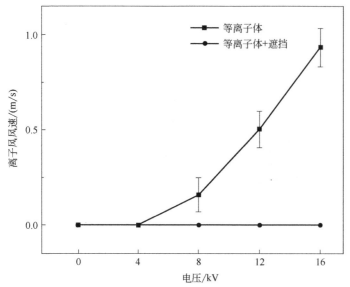

图 2-15 直流电晕放电等离子体的离子风速率变化

2.5.4 直流电晕放电等离子体对种子亲水性的影响

使用接触角测量仪（JC2000DM，Beijing Zhongyi Kexin Technology Co.，Ltd.）测量种子表面接触角，每个处理组测量十次并计算种子的平均表观接触角。种子表观接触角角度可以从一定程度上反映种子亲水性的变化，表观接触角大于 90° 表示样品疏水性较强，且表观接触角越大表明疏水性越强。无论有无遮挡，直流电晕放电等离子体处理均能提高沙冬青种子的亲水性。图 2-16 和表 2-1 为处理前后种子的表观接触角变化，可以看出，未处理的种子表观接触角为 99.82°，显示出疏水性，而经直流电晕放电等离子体处理后，所有处理组的接触角均小于 90°，表现为亲水性。随着放电电压升高，蒙古沙冬青种子表观接触角单调降低，在放电电压为 16kV 时，表观接触角为 60.11°，并且与遮挡组相比，无遮挡组减小幅度更大。在 12kV 直接暴露处理及更高放电电压下进行直流电晕放电等离子体处理后，种子的表观接触角与对照组相比有显著差异。表明非均匀电场和离子风均能提高种子的亲水性，并且离子风对亲水性的影响更大。

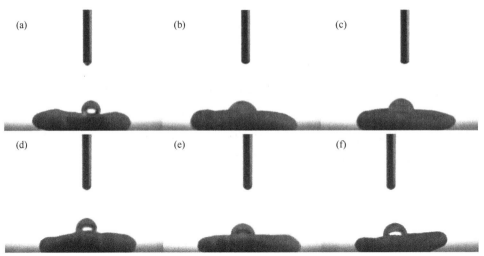

图 2-16　直流电晕放电等离子体处理后沙冬青种子表观接触角变化
（a）、（d）对照组；（b）16kV 直接暴露组；（c）16kV 遮挡组；（e）12kV 直接暴露组；（f）12kV 遮挡组

表 2-1　直流电晕放电等离子体处理后，沙冬青种子表观接触角变化

（不同小写字母表示在 $P<0.05$ 水平上具有统计学显著差异）

处理组	表观接触角/（°）
对照组	99.82 ± 4.86^a
4kV	85.22 ± 5.48^{ab}
4kV+遮挡	89.93 ± 4.89^{abc}
8kV	87.03 ± 1.29^{abc}
8kV+遮挡	87.45 ± 4.62^{abc}
12kV	81.87 ± 2.46^{bc}
12kV+遮挡	86.08 ± 2.75^{abc}
16kV	60.11 ± 8.44^d
16kV+遮挡	72.59 ± 0.57^{cd}

2.5.5　直流电晕放电等离子体对种子吸水率的影响

上述处理后的种子用万分之一电子天平进行精确称量并标记。蒙古沙冬青种子如果不进行催芽处理，一般要隔年才能发芽，因此在接种前先用

适量凉水（15～20℃）浸泡种子数分钟，倒出凉水后再用 50～60℃的温水浸泡种子以进行催芽处理。浸种 24h 后，用滤纸吸干种子表面水分后称量吸水后种子的质量。直流电晕放电等离子体处理前后沙冬青种子的吸水率变化如图 2-17 所示。对照组吸水率为 135.88%，经直流电晕放电等离子体处理后，无论有无遮挡处理，种子的吸水率与对照组相比都有不同程度的提高，4kV 处理组吸水率提高最少，相对对照组提高了 7.77%，12kV 遮挡组和 16kV 处理组吸水率分别提高了 12.68%和 14.23%。其余各处理组吸水率提升均在 20%以上，尤其是 16kV 遮挡处理组，种子吸水率显著提高至 181.13%，较对照组提高了 33.3%。

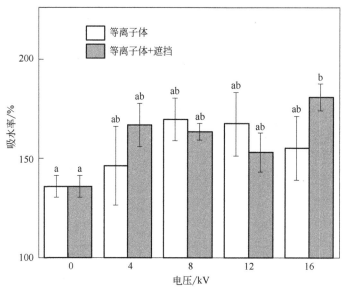

图 2-17　直流电晕放电等离子体处理后，沙冬青种子的吸水率变化
（不同小写字母表示在 $P < 0.05$ 水平上具有统计学显著差异）

2.5.6　直流电晕放电等离子体对种子萌发的影响

使用 75%的酒精溶液对上述称量后的种子进行消毒 30s，防止种子发霉。捞出后用清水（15～20℃）冲洗干净，放在含有三层滤纸的培养皿中，并保持培养皿中水分恒定。将培养皿置于光照培养箱中 26℃恒温培养，种子出芽后，将光照培养箱中的光照调至 1401x，每天光照 14h，黑暗 10h，共培养 10天。每天统计发芽个数，第 10 天每组随机挑选 15 株幼苗测量苗高。种子发

芽指数（GI）计算公式如下：

$$GI = \sum \frac{G_t}{D_t} \qquad (2\text{-}33)$$

式中，D_t 为发芽日数；G_t 为与 D_t 相对应的每天发芽种子数。

经直流电晕放电等离子体处理后，沙冬青种子第 24h 的发芽率如图 2-18 所示。由图 2-18 可以看出，对照组的发芽率为 0，而经直流电晕放电等离子体处理 24h 后，无论有无遮挡，沙冬青种子的发芽率都有了不同程度的提升，表明电晕放电等离子体处理可以促进沙冬青种子提前发芽。图 2-19 为放电等离子体处理后，沙冬青种子的发芽指数变化。种子发芽指数越高表明种子活力越高。从图中可以看出，对照组的发芽指数为53.68，在电压为 4kV 直接暴露时，种子发芽指数最低，为 51.02。除 4kV处理组之外，其余各处理组发芽指数均有不同程度的增加，12kV 遮挡组和 16kV 处理组发芽指数相比对照组分别提高了 1.67% 和 6.12%，其余处理组发芽指数均提高了 10% 以上，16kV 遮挡组提高至 63.69，相比对照组增加了 18.65%，表明直流电晕放电等离子体处理可以有效地提高沙冬青种子的活力。

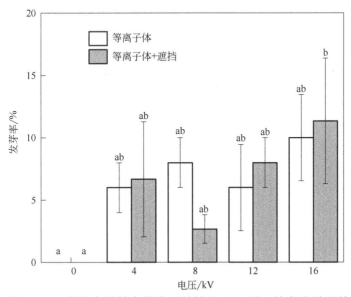

图 2-18　直流电晕放电等离子体处理 24h 后，沙冬青种子的发芽率变化

（不同小写字母表示在 $P < 0.05$ 水平上具有统计学显著差异）

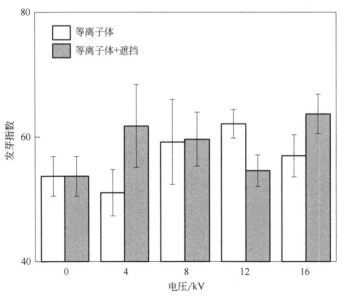

图 2-19　直流电晕放电等离子体处理后，沙冬青种子的发芽指数变化

2.5.7　直流电晕放电等离子体对沙冬青幼苗苗高的影响

直流电晕放电等离子体处理后，沙冬青幼苗苗高变化如图 2-20 所示。如

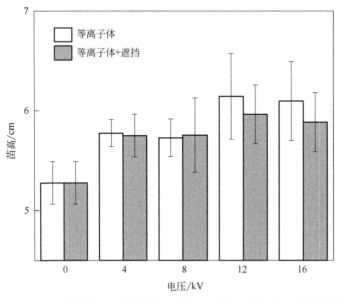

图 2-20　直流电晕放电等离子体处理后，沙冬青的苗高变化

图所示，对照组苗高为 5.27cm，无论有无遮挡，经放电等离子体处理后，各组幼苗苗高均有不同程度的提高。其中 12kV、12kV+遮挡、16kV、16kV+遮挡分别相对提高了 16.45%、13.03%、15.54%、11.55%，其余低电压放电处理组幼苗苗高也都提高了 8% 以上，表明离子风和非均匀电场均能提高幼苗的苗高，并且直接暴露组普遍比遮挡组提高更多，说明较非均匀电场，离子风对沙冬青幼苗苗高的影响更大。

2.5.8 直流电晕放电等离子体处理对沙冬青种子表面微观形貌的影响

对不同处理组的种子进行喷金后用导电双面胶固定在样品台上，使用扫描电子显微镜（SU8020，Hitachi Corporation）对放电等离子体处理后的种皮进行检测和拍照。直流电晕放电等离子体处理前后沙冬青种皮的微观形貌如图 2-21 所示，由图（a）和图（d）未经电晕放电等离子体处理的 SEM 照片可以看出，种子表面较为平坦且几乎没有裂纹。如图（b）和图（c）所示，可以看出，经 16kV 直流电晕放电等离子体处理后，无论有无培养皿盖遮挡，种皮表面都有风蚀形貌，产生了大量小沟壑。如图（e）和图（f）所示，1500倍下可以看出种皮表面产生了很多裂纹，并且直接暴露组表面裂纹更为严重。

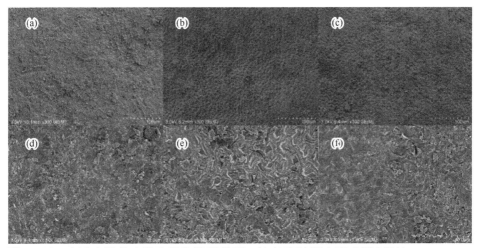

图 2-21　直流电晕放电等离子体处理前后，沙冬青种子表面 SEM 照片

（a）未经处理，放大 300 倍；（b）16kV 直接暴露处理，放大 300 倍；（c）16kV 遮挡处理，放大 300 倍；（d）未经处理，放大 1500 倍；（e）16kV 直接暴露处理，放大 1500 倍；（f）16kV 遮挡处理，放大 1500 倍

表明无论是非均匀电场，还是放电等离子体，均可对种皮的微观形貌造成影响，且较非均匀电场，离子风对种皮微观形貌的影响更大。

2.5.9　直流电晕放电等离子体处理对种皮结构的影响

直流电晕放电等离子体处理前后沙冬青种皮的红外光谱变化如图 2-22 所示（见文后彩插），无论有无培养皿盖遮挡，经直流电晕放电等离子体处理后，吸收峰强度在 2912cm^{-1}、1334cm^{-1}、1268cm^{-1}、1243cm^{-1} 处均有不同程度的增强，并且遮挡组增强程度大于直接暴露组。在 3376cm^{-1}、1628cm^{-1}、1051cm^{-1} 处，遮挡组的吸收峰强度有明显的增强，而在 1509cm^{-1}、1429cm^{-1} 处，直接暴露组的吸收峰强度增加更为显著。

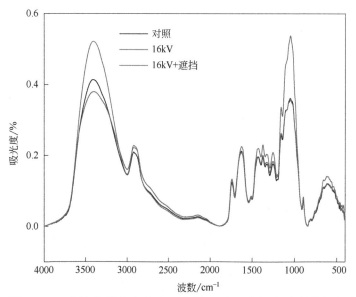

图 2-22　直流电晕放电等离子体处理后，沙冬青种皮的红外光谱变化

2.5.10　小结

① 利用直流电晕放电等离子体处理蒙古沙冬青种子时，培养皿遮挡可有效降低离子风对种子的刻蚀程度，无论有无培养皿遮挡，都可以通过改变种子的微观形貌和化学结构来提高种子的亲水性和吸水率。

② 直流电晕放电等离子体处理可以有效地提高种子的活力，促进种子发

芽和生长。

③ 种皮纤维素降解和种皮表面裂纹的产生导致种子表观接触角急剧降低，进而提高种子的亲水性。离子风对蒙古沙冬青种皮微观结构和表观接触角的影响大于非均匀电场，而非均匀电场对蒙古沙冬青种皮化学结构的影响大于离子风。

2.6　电晕放电等离子体处理紫花苜蓿的生物效应

2.6.1　紫花苜蓿简介

苜蓿是世界上分布范围最广、生长最快、利用价值最高的牧草，也是中国栽培面积最大的一种豆科饲料作物，由于其具有蛋白质丰富、易于家畜消化、适应性强、能改良土壤、保护生态环境和经济价值高等优点而享有"牧草之王"的美誉，是养殖业首选青饲料，在畜牧业、农业耕作及生态环保等方面起着非常重要的作用。但是，作为豆科植物，紫花苜蓿种子具有致密的种皮，而致密的种皮则会阻碍水分吸收导致无法吸胀而抑制种子萌发。究其原因，主要是在种皮的外表有一层比较厚的角质层，该角质层为一种坚密的蜡状物，随种子的成熟度而增厚，这种蜡状物具有疏水性，使种子因无法透水而不能吸胀、发芽，而此类种子一般也称为硬实。种子硬实的存在虽然有利于土壤种子库保存、种群延续以及种质资源的贮藏，但也给农业生产实践带来了诸如幼苗建植难、出苗不整齐等问题。因此，对种子进行播种前的处理以破除硬实、解除休眠、提高吸水率和发芽率是一项重要措施。加之近年来由于过度放牧加速了草场退化，造成大面积耕地和草地生产力低下，不仅影响了农牧业生产发展，还造成了土壤裸露等问题，因此苜蓿的产量增加和种质改良成为当前草业、畜牧业发展的迫切需求。

2.6.2　实验条件

随机挑选生长状况一致，成熟饱满，大小均匀的紫花苜蓿种子，用蒸馏水冲洗 3 次去除表面杂质及浮土，种子晾干后得到一致性较好的饱满籽粒，均匀摆放在直径为 9cm 培养皿内，每皿 100 粒。电晕放电等离子体装置如图 2-1 所示，高压电源输出电压为 0～50kV 连续可调，频率为 50Hz。高压电极由长 2cm、间距均为 4cm 的针阵列组成,接地极为平面铝板,极距为 4cm。当起始电压达到 4kV 时,本结构的交流电晕放电等离子体开始工作,并且由于极距的大小会影响击穿电压的高低,在此实验条件下,当电压升高至 20kV 及以上电压时会发生空气击穿,设备会发生过电保护,电压为 8kV、12kV、16kV 时分别称为辉光电晕、刷状电晕、流注电晕阶段。故电压选在 0~19kV,且电压每隔 4kV 设置一次梯度。

将待处理培养皿分为两组,一组用厚度为 1mm 的聚丙烯培养皿盖遮挡,另一组不加培养皿盖。每个培养皿放置 100 粒种子,用万分之一电子天平对处理前的干燥种子进行精确称量并标记。采用电压为 0(对照组)、4kV、8kV、12kV、16kV、19kV 的针-板电晕放电等离子体分别对上述准备好的紫花苜蓿样品进行处理,处理时间为 30min。处理分组见表 2-2,每组 3 次重复,实验温度为 22℃±2℃,湿度为 35%±5%。

表 2-2　样品及处理条件

样品	处理条件
A	未加电场处理的对照组
B1	4kV 加遮挡处理组
B2	8kV 加遮挡处理组
B3	12kV 加遮挡处理组
B4	16kV 加遮挡处理组
B5	19kV 加遮挡处理组
C1	4kV 无遮挡处理组
C2	8kV 无遮挡处理组
C3	12kV 无遮挡处理组
C4	16kV 无遮挡处理组
C5	19kV 无遮挡处理组

2.6.3　电晕放电等离子体对紫花苜蓿种子亲水性的影响

表观接触角是判断亲水性最直接的依据,当样品与水的接触角值在 90° 以上时,表明该样品疏水性较强且不利于浸润,当接触角值小于 90°时,表明该样品亲水性较强且利于浸润。

图 2-23 和图 2-24 显示了不同处理前后种子的表观接触角的变化。从图 2-23（a）可以看出，未经处理的种子表现出较强的疏水性。从图 2-23（b）

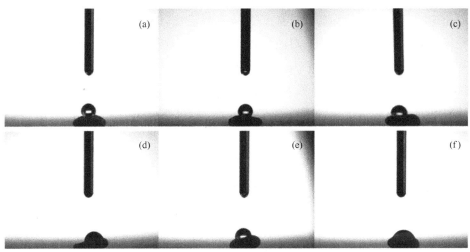

图 2-23　电晕放电等离子体处理后种子的表观接触角图像

（a）对照组；（b）8kV 加遮挡处理组；（c）16kV 加遮挡处理组；（d）16kV 无遮挡处理组；
（e）19kV 加遮挡处理组；（f）19kV 无遮挡处理组

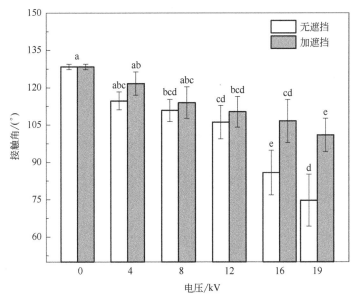

图 2-24　电晕放电等离子体处理后种子的表观接触角的变化

[不同字母表示处理间差异有统计学意义（$P < 0.05$）]

可看出，经 8kV 加遮挡放电等离子体处理后，种子的表观接触角变化不明显，仍具有较强的疏水性。由图 2-23（c）～（f）可以看出，经过 19kV 和 16kV 放电等离子体处理后，种子的表观接触角明显减小，亲水性有了明显的提高，而无遮挡组的增加更加明显。从图 2-24 可以看出，与对照组相比，处理后的种子的表观接触角减小；与对照组相比，4kV 处理组和 8kV 加遮挡组无明显差异，在经 8kV（无遮挡）及以上电压的放电等离子体处理后，种子的表观接触角与对照组相比有显著性差异。未处理时种子的表观接触角为128.39°±1.09°，远大于 90°，表现为疏水性，电晕放电场处理后，种子的表观接触角急剧下降，其中下降幅度最大的是 19kV 无遮挡组，下降到74.74°±10.42°，远小于 90°，说明其亲水性得到了显著改善。

2.6.4 电晕放电等离子体对紫花苜蓿种子微观形貌的影响

将不同参数处理后待观察的种子喷镀金属薄膜后用导电双面胶粘在样品台上，采用扫描电子显微镜对放电等离子体处理后的种皮进行观察和拍照，观测其种皮表面微观结构在处理前后的变化。

电晕放电等离子体处理前后紫花苜蓿种皮在扫描电子显微镜下的微观形貌如图 2-25 所示。图 2-25（a）、（d）所示为未经处理的紫花苜蓿种子。经

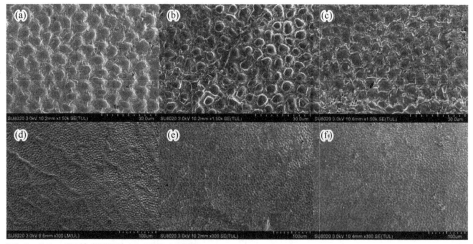

图 2-25 紫花苜蓿种子 SEM 图像

（a）未经处理，放大 1500 倍；（b）19kV 电压下遮挡处理，放大 1500 倍；（c）19kV 电压下无遮挡处理，放大 1500 倍；（d）未经处理，放大 300 倍；（e）19kV 电压下遮挡处理，放大 300 倍；（f）19kV 电压下无遮挡处理，放大 300 倍

19kV 加遮挡处理后如图 2-25（b）所示，可明显看出表面裂痕增大增多，但少于 19kV 无遮挡处理组，如图 2-25（c）所示。对照组如图 2-25（d）所示，可以清晰地观察到帽状凸起相互连接构成网状结构，并能够清晰地看到类似小结构的边界，而等离子体处理过后，如图 2-25（e）、（f）所示，可见表面网络结构边界变得模糊。相比对照组和加遮挡处理组，等离子体直接暴露后种子表面帽状凸起网络结构边界变得更模糊，难以识别，帽状突起变薄甚至消失，并出现了大量的细沟槽，表明非均匀电场和放电等离子体处理可对种皮产生刻蚀作用，且离子风刻蚀对种皮微观结构的影响大于非均匀电场。

2.6.5 紫花苜蓿种皮的傅里叶变换红外光谱的变化

取外表皮，将干燥过的种皮用玛瑙研钵研成粉末，将样品粉末与溴化钾按 1:500 的比例均匀混合，使用压片机压片成型后用光谱范围为 4000～400cm^{-1}、分辨率为 4cm^{-1} 的傅里叶变换红外光谱仪扫描样品。扫描次数为 40次，在扫描时扣除 H_2O 和 CO_2 的干扰。

经放电等离子体处理后的紫花苜蓿种皮红外光谱见图 2-26（见文后彩插），吸收峰波数见表 2-3。由经放电等离子体处理过的紫花苜蓿种皮的红外指纹图谱（图 2-26）可看出，在 3284cm^{-1}、1627cm^{-1}、1415cm^{-1}、1314cm^{-1} 附近，吸收峰强度有所增加且发生移动，并且无遮挡组增强程度大于遮挡组。而在 2924cm^{-1}、2856cm^{-1} 处，吸收峰强度出现不同程度减弱甚至消失，如图 2-26（c）所示，在 2856cm^{-1} 处，19kV 处理组无论是否加遮挡其吸收峰均消失。如图 2-26（b）所示，除了 8kV 遮挡组外，放电等离子体处理组在 1729cm^{-1} 处均形成了一个新的吸收峰，且在 1050cm^{-1} 处，4kV、19kV 无遮挡组也形成了一个新的吸收峰。1627cm^{-1} 附近处理组吸收峰皆向低波数发生不同程度的偏移，在 1535cm^{-1} 附近遮挡处理组皆向高波数移动，无遮挡处理组皆向低波数移动。

以往傅里叶变换红外光谱研究表明，3284cm^{-1} 附近为 N—H 和 O—H 基团伸缩振动吸收谱带，主要来自多糖、纤维素、半纤维素、氨基酸、蛋白质等；2924cm^{-1} 附近为—CH_2 基团的反对称伸缩振动吸收谱带，2856cm^{-1} 附近为—CH_2 基团的对称伸缩振动吸收谱带，主要来源于脂膜；1627cm^{-1} 和1535cm^{-1} 附近分别为蛋白质酰胺 Ⅰ 带和酰胺 Ⅱ 带，酰胺 Ⅰ 带由 C=O 基团伸缩振动和 C—N 基团伸缩振动耦合而成，酰胺 Ⅱ 带由 N—H 和 C—N 基团伸缩振动耦合而成；1415cm^{-1} 附近为 C—N 的伸缩振动，主要来自蛋白质；1314cm^{-1} 附近为 CH_2 面外摇摆振动，主要来自于纤维素；1242cm^{-1} 附近为磷

表2-3 电晕放电等离子体处理后紫花苜蓿种皮的红外指纹图谱吸收波数和共有峰

红外指纹图谱的吸收峰波数/cm⁻¹

样品编号																							
A	3284	2924	2856	—	1627	1535	1415	1372	1314	1242	1147	—	1017	893.6	—	—	572.8	—	522.2	506	491.5	—	471.7
B1	3282	2924	2854	1729	1625	1540	1417	1373	1315	1242	1147	—	1016	894.1	812.1	—	572.7	553.4	517.9	—	491.5	—	—
B2	3286	2924	2857	—	1626	1541	1417	1372	1314	1244	1147	—	1017	893.8	810.4	761.7	—	—	517.3	—	492.1	—	—
B3	3284	2924	2855	1729	1608	—	1417	1372	1315	1243	1147	—	1014	894	811.7	—	—	—	517.2	—	494.6	—	470.2
B4	3284	2924	2855	1729	1608	—	1417	1372	1315	1243	1147	—	1014	894	811.7	—	—	—	517.2	—	494.6	—	470.2
B5	3289	2923	—	1727	1612	1520	1419	1370	1315	1245	1150	—	1020	894.1	—	—	—	—	513.5	—	—	484.1	475.1
C1	3283	2924	2855	1728	1625	1530	1417	1371	1316	1242	1147	1050	1014	893.6	810.4	—	—	—	516.9	—	497.5	483.4	—
C2	3283	2924	—	1726	1626	1519	1416	1371	1313	1242	1146	—	1017	894.1	810.6	—	—	—	516.4	—	—	483.5	—
C3	3284	2924	2855	1729	1624	—	1417	1373	1315	1242	1146	—	1016	894	810.4	—	—	—	—	508.4	—	—	—
C4	3303	2923	—	1728	1627	1529	1413	1373	1310	1243	1145	—	1016	869.3	810.1	765	—	—	518.3	—	—	486	—
C5	3283	2921	—	1727	1605	—	1419	1370	1316	1244	1150	1049	1017	893.9	810	—	—	—	515.4	500.6	—	486.9	473.6

酸二酯基团的不对称伸缩振动吸收谱带，主要来自核酸的磷酸二酯骨架振动和生物膜中的磷脂；1050cm^{-1}附近为 C—O—C 不对称伸缩振动，主要来自纤维素。

紫花苜蓿种子有一层致密的蜡质疏水性种皮。种皮表面的主要成分是纤维素和蜡。纤维素是亲水的，不溶于水，而蜡是疏水的。如图 2-26 所示，经电晕放电等离子体处理后的苜蓿种皮在 3284cm^{-1}、1627cm^{-1}、1415cm^{-1}、1314cm^{-1}、1017cm^{-1} 处振动增强，表明亲水物质如多糖、糖醇、纤维素、半纤维素等含量增加，这些物质是亲水的，特别是半纤维素可以造成细胞壁润胀，赋予纤维弹性，进而提高亲水性。经电晕放电等离子体处理后，4kV、19kV 无遮挡处理组在表示纤维素的 1050cm^{-1} 处出现新的吸收峰，有利于亲水性的提高；1727cm^{-1} 附近形成的新吸收峰属于半纤维素，有利于种子吸水性改善，除 8kV 加遮挡处理组以外，其余各处理组皆形成了新的吸收峰。此外，在空气等离子体处理纤维素后，观察到一个 1727cm^{-1} 的肩（与酯基有关）。结果表明，空气等离子体对纤维素的轰击引发了化学反应，改变了纤维素的化学组成，即增强了纤维素的亲水基团如—COO$^-$、—OH、C=O，从而改善纤维素的亲水性能。

在大约 2840～3000cm^{-1} 的光谱波段发现了蜡和油的存在，经过电晕放电等离子体处理后，紫花苜蓿种子在 2856cm^{-1} 处吸收峰强度减弱甚至消失，其中包括 8kV、16kV、19kV 无遮挡处理组和 19kV 加遮挡处理组，表明种皮中蜡和油的含量降低。另外，在 3284cm^{-1} 附近 16kV 无遮挡处理组发生明显蓝移移动到 3303cm^{-1} 处，可能与纤维素、蛋白质二级结构发生改变有关；1627cm^{-1} 附近处理组吸收峰皆向低波数发生不同程度的偏移，在 1535cm^{-1} 附近遮挡处理组皆向高波数移动，无遮挡处理组皆向低波数移动，表明在电场外力作用下紫花苜蓿种皮的细胞壁和细胞膜发生改变，相关的蛋白质性质也发生了变化，进而影响紫花苜蓿种子的亲水性和吸水性。并且电晕放电等离子体处理后，与遮挡组相比，无遮挡处理组的红外光谱峰值普遍变化更为剧烈，表明无遮挡时，离子风对种皮的刻蚀更加严重，进一步验证了离子风刻蚀比非均匀电场对种皮的微观结构影响更大。

从 FTIR 检测结果可看出，吸水率的增加部分归因于纤维素的部分降解和细胞外层的裂缝的形成。种皮、纤维素和蜡的主要成分通过暴露在放电等离子体中是可降解的，如图 2-26 所示。这种部分降解可促进水的渗透，是触发种子发芽的关键。因此，在硬实种皮抑制了种子萌发的情况下，电晕放电等离子体处理是有促进作用的，它通过在种子表面形成一个蚀刻裂缝使水可以渗透到种子中，来提高种子的发芽。空气放电等离子体通过氧化种皮上存在的有机组分对种子表面进行化学蚀刻，种子外层高度致密的表面纹理可能变得更脆弱，会更容易有效地吸收水分和营养物质。本实验结果也证明了非均匀电场和离子风均可对种皮造成损伤，进而提高亲水性，对种子的生长具有一定的促进作用。

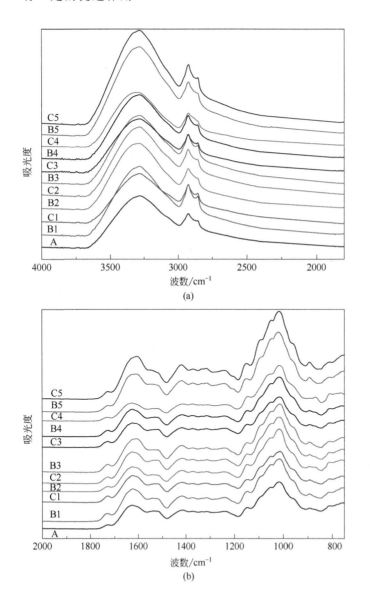

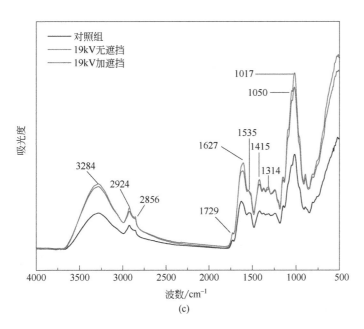

图 2-26 电晕放电等离子体处理后紫花苜蓿种皮的红外指纹图谱

2.6.6 种皮红外指纹图谱共有峰率和变异峰率双指标序列

傅里叶变换红外光谱共有峰率和变异峰率计算参考文献[144]的方法，简述如下：首先确定共有峰，对于一组吸收峰，若组内吸收峰的波数最大差异显著小于其与相邻组之间的平均波数差，就确定该组峰是一组共有峰。

共性鉴别指标：

$$P = \frac{N_{\mathrm{g}}}{N_{\mathrm{d}}} \times 100\% \qquad （2\text{-}34）$$

式中，P 为共有峰率；N_{g} 为共有峰数，指在比较的两个 IR 图中都出现的吸收峰的个数。

独立峰：红外指纹图谱中不同的吸收峰。n_{a} 为指纹图谱 a 中相对于其共有峰的非共有峰数，称为 a 的变异峰数。n_{b} 为指纹图谱中 b 相对于其共有峰的非共有峰数，称为 b 的变异峰数。

独立峰数 N_{d} 的计算公式如下，它是相互比较的两个 IR 图中的独立峰总数：

$$N_d = N_g + n_a + n_b \qquad (2-35)$$

变异鉴别指标：

变异峰率 P_v 为一个 IR 指纹图谱中相对于共有峰的变异峰数与其共有峰数的比值。

P_{va} 的计算公式如下，它是指纹图谱 a 的变异峰率：

$$P_{va} = (n_a / N_g) \times 100\% \qquad (2-36)$$

P_{vb} 的计算公式如下，它是指纹图谱 b 的变异峰率：

$$P_{vb} = (n_b / N_g) \times 100\% \qquad (2-37)$$

11 种紫花苜蓿种皮样品的双指标序列如表 2-4 所示。

如表 2-4 所示，表中 B1：B2（84.2；12.5，6.3）表示该序列以 B1 为标准计算其他样品指纹图谱的共有峰率和变异峰率，该序列片段表示 B1 和 B2 的共有峰率为 84.2，其中 B1 的变异峰率为 12.5%，B2 的变异峰率为 6.3%。

利用双指标分析法可以对不同处理组进行更深层次的区分及认同。可以看出，在 A 组 A：B1（80；12.5，12.5）、A：B3（78.9；20，6.7）、A：B2（75；20，13.3）、A：C3B4（73.7；28.6，7.1）、A：C2（65；38.5，15.4）、A：B5（63.2；50，8.3）、A：C4（61.9；38.5，23.1）、A：C5（61.9；30.8，30.8）中，加遮挡处理组普遍比无遮挡处理组与对照组的共有峰率更高，变异峰率更低；低剂量电压处理组普遍比高剂量处理组与对照组的共有峰率更高，变异峰率更低，说明相似性更高，而 A：B5（63.2；50，8.3）、A：C5（61.9；30.8，30.8）这两个序列的共有峰率是最低的，变异峰率是最高的，说明紫花苜蓿种子在电晕放电等离子体作用尤其是 19kV 处理下确实会造成表面改性、化学结构的改变，其中无遮挡处理组的改变更大。在 B 组 B1：B2（84.2；12.5，6.3）、B1：AC1（80；12.5，12.5）、B1：B3（78.9；20，6.7）、B1：C2C3B4B5（73.7；28.6，7.1）、B1：C4（70；28.6，14.3）、B1：C5（59.1；38.5，30.8）中，与 B1 即 4kV 加遮挡处理组的共有峰率最高、变异峰率最低的是 8kV 加遮挡处理组，其次是对照组及 4kV 无遮挡处理组，之后是 12kV 加遮挡处理组等，说明不管是否加遮挡，相同或相近放电等离子体处理组对种皮化学结构的改变是相近的，放电电压相差越大，处理后种皮化学结构改变越大。

综合 SEM 和 FTIR 的检测及亲水性实验结果可知，电晕放电等离子体处理可通过对紫花苜蓿种皮的刻蚀作用，以及改变种皮的化学结构，来影响紫花苜蓿种子的亲水性和吸水性。并且电晕放电等离子体处理后，与遮挡组相比，无遮挡处理组的表面微观结构变化更大，表面帽状凸起网络结构边界更模糊更难以识别，红外光谱峰值普遍变化更为剧烈，表明无遮挡时，离子风对种皮的刻蚀更加严重，进一步验证了在亲水性方面，离子风比非均匀电场对种皮的影响更大。

表 2-4　电晕放电等离子体不同处理后紫花苜蓿种皮的双指标序列

序列	$(P；P_{va}，P_{vb})$ /%	序列	$(P；P_{va}，P_{vb})$ /%	序列	$(P；P_{va}，P_{vb})$ /%
A：B1	（80；12.5，12.5）	B1：B2	（84.2；12.5，6.3）	B2：B1	（84.2；6.3，12.5）
A：B3	（78.9；20，6.7）	B1：A	（80；12.5，12.5）	B2：C1	（84.2；6.3，12.5）
A：B2	（75；20，13.3）	B1：C1	（80；12.5，12.5）	B2：C4	（83.3；13.3，6.7）
A：C3	（73.7；28.6，7.1）	B1：B3	（78.9；20，6.7）	B2：C2	（77.8；21.4，7.1）
A：B4	（73.7；28.6，7.1）	B1：C2	（73.7；28.6，7.1）	B2：C3	（77.8；21.4，7.1）
A：C1	（66.7；21.4，28.6）	B1：C3	（73.7；28.6，7.1）	B2：B4	（77.8；21.4，7.1）
A：C2	（65；38.5，15.4）	B1：B4	（73.7；28.6，7.1）	B2：A	（75；13.3，20）
A：B5	（63.2；50，8.3）	B1：B5	（73.7；28.6，7.1）	B2：B3	（61.9；30.8，30.8）
A：C4	（61.9；38.5，23.1）	B1：C4	（70；28.6，14.3）	B2：C5	（61.9；30.8，30.8）
A：C5	（61.9；30.8，30.8）	B1：C5	（59.1；38.5，30.8）	B2：B5	（57.9；54.5，18.2）
B3：B4	（82.3；14.3，7.1）	B4：B3	（82.3；7.1，14.3）	B5：C5	（76.5；0，30.8）
B3：A	（78.9；6.7，20）	B4：B2	（77.8；7.1，21.4）	B5：B4	（75；8.3，25）
B3：B1	（78.9；6.7，20）	B4：C2	（76.5；15.4，15.4）	B5：C2	（75；8.3，25）
B3：C1	（78.9；6.7，20）	B4：B5	（75；25，8.3）	B5：B1	（73.7；7.1，28.6）
B3：C3	（73.7；14.3，21.4）	B4：A	（73.7；7.1，28.6）	B5：C4	（70.6；8.3，33.3）
B3：C5	（73.7；14.3，21.4）	B4：B1	（73.7；7.1，28.6）	B5：A	（63.2；8.3，50）
B3：C2	（72.2；23.1，15.4）	B4：C1	（73.7；7.1，28.6）	B5：C1	（63.2；8.3，50）
B3：B2	（61.9；30.8，30.8）	B4：C4	（72.2；15.4，23.1）	B5：B3	（61.1；18.2，45.5）
B3：B5	（61.1；45.5，18.2）	B4：C5	（68.4；15.4，30.8）	B5：B2	（57.9；18.2，54.5）
B3：C4	（60；33.3，33.3）	B4：C3	（66.7；25，25）	B5：B3	（55.6；30，50）
C1：B2	（84.2；12.5，6.3）	C2：C4	（93.8；0，6.7）	C3：B2	（77.8；7.1，21.4）
C1：C2	（83.3；20，0）	C2：C1	（83.3；0，20）	C3：C2	（76.5；15.4，15.4）
C1：B1	（80；12.5，12.5）	C2：B2	（77.8；7.1，21.4）	C3：A	（73.7；7.1，28.6）
C1：B3	（78.9；20，6.7）	C2：C5	（77.8；7.1，21.4）	C3：B1	（73.7；7.1，28.6）
C1：C4	（78.9；20，6.7）	C2：B4	（76.5；15.4，15.4）	C3：C1	（73.7；7.1，28.6）

序列	(P；P_{va}，P_{vb})/%	序列	(P；P_{va}，P_{vb})/%	序列	(P；P_{va}，P_{vb})/%
C1：C5	（75；20，13.3）	C2：C3	（76.5；15.4，15.4）	C3：B3	（73.7；7.1，28.6）
C1：C3	（73.7；28.6，7.1）	C2：B5	（75，25，8.3）	C3：C4	（72.2；15.4，23.1）
C1：B4	（73.7；28.6，7.1）	C2：B1	（73.7；7.1，28.6）	C3：C5	（68.4；15.4，30.8）
C1：A	（66.7；28.6，21.4）	C2：B3	（72.2；15.4，23.1）	C3：B4	（66.7；25，25）
C1：B5	（63.2；50，8.3）	C2：A	（65；15.4，38.5）	C3：B5	（55.6；50，30）
C4：C2	（93.8；6.7，0）	C5：C2	（77.8；21.4，7.1）	—	—
C4：B2	（83.3；6.7，13.3）	C5：B5	（76.5；30.8，0）	—	—
C4：C1	（78.9；6.7，20）	C5：C1	（75；13.3，20）	—	—
C4：C5	（73.7；14.3，21.4）	C5：B3	（73.7；21.4，14.3）	—	—
C4：C3	（72.2；23.1，15.4）	C5：C4	（73.7；21.4，14.3）	—	—
C4：B4	（72.2；23.1，15.4）	C5：B4	（68.4；30.8，15.4）	—	—
C4：B5	（70.6；33.3，8.3）	C5：C3	（68.4；30.8，15.4）	—	—
C4：B1	（70；14.3，28.6）	C5：A	（61.9；30.8，30.8）	—	—
C4：A	（61.9；23.1，38.5）	C5：B2	（61.9；30.8，30.8）	—	—
C4：B3	（60；33.3，33.3）	C5：B1	（59.1；38.5，30.8）	—	—

2.6.7 电晕放电等离子体对紫花苜蓿种子漂浮率和吸水率的影响

如图 2-27（a）所示，电晕放电等离子体处理后，无论是否加遮挡，种子的漂浮率均低于对照组，无遮挡处理组均低于加遮挡组。如图 2-27（b）所示，浸泡种子时，19 kV 无遮挡处理组只有少量种子漂浮在水面上，而 19 kV 加遮挡处理组的种子漂浮数较无遮挡组有所增加，但不足该组种子总数的三分之一，而对照组的种子则一半以上都漂浮在水面上。其他处理组也出现了类似的情况，说明电晕放电等离子体处理可以显著提高种子的亲水性。单因素方差分析显示，在各处理组与对照组之间皆存在显著性差异（$P<0.05$），但在部分处理组之间不存在显著性差异（$P>0.05$）。

从紫花苜蓿种子的漂浮率可看出，大量未处理的紫花苜蓿种子漂浮在水面，如图 2-27 所示，经电晕放电等离子体处理后漂浮的种子大量减少，亲水性得到改善，无遮挡处理组的亲水性改善更为明显。吸水率实验结果也发现处理后种子的吸水率皆高于对照组。值得注意的是，在实验结果中，8kV 加遮挡处理组漂浮率的降低程度最小，且吸水率的改善幅度也小于其他处理组，这一点与 FTIR 实验结果一致。半纤维素是亲水物质，在紫花苜蓿种皮的红外指纹图谱吸收波数表示半纤维素的 $1727cm^{-1}$ 处，除 8kV 加遮挡处理组以外，其余各处理组皆形成了新的吸收峰，从化学结构组成成分的角度来看，使用该剂量加遮挡处理紫花苜蓿种子，并未能够使种皮中半纤维素的含量提高，导致该处理组的亲水性和吸水性的改善略低于其他处理组。

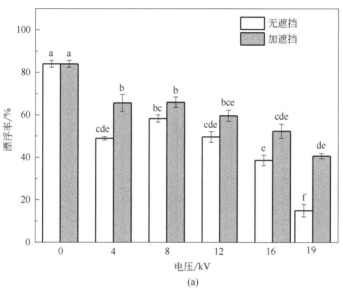

(a)

(b)

图 2-27 电晕放电等离子体处理后种子的漂浮率的变化

[不同字母表示处理间差异有统计学意义（$P<0.05$）]

（a）漂浮率；（b）亲水性变化

图 2-28 中各电场处理组种子的吸水率均高于对照组，表明电晕放电等离子体处理可以提高种子的吸水率。

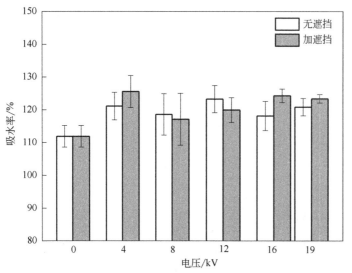

图 2-28　电晕放电等离子体处理后种子的吸水率的变化

2.6.8　电晕放电等离子体对紫花苜蓿萌发的影响

经电晕放电等离子体处理后，紫花苜蓿种子发芽势和发芽率分别如图 2-29（a）、（b）所示。

由图 2-29 可知，在电晕放电等离子体处理时，有或没有培养皿盖遮挡放电对紫花苜蓿种子的发芽势和发芽率有截然相反的影响。在低剂量时，即电压为 4kV、8kV 时，如图 2-29（a）所示，当无培养皿盖遮挡放电时，电晕放电等离子体处理对紫花苜蓿种子的发芽有刺激效应，而经培养皿盖遮挡放电后，如图 2-29（b）所示，电晕放电等离子体处理对紫花苜蓿种子的发芽却为抑制效应。随着电压进一步升高，当没有培养皿盖阻挡放电时，电晕放电等离子体对紫花苜蓿种子的发芽全部表现为抑制效应，并随电压升高，抑制效应越明显；而经培养皿盖阻挡放电后，电晕放电等离子体处理对紫花苜蓿种子的发芽却变为刺激效应，只有在 16kV 时是抑制效应。

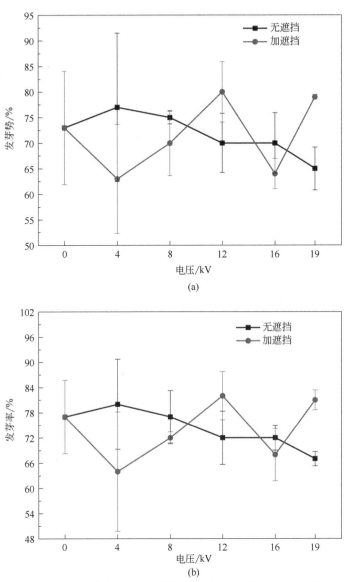

图 2-29 电晕放电等离子体处理对种子发芽试验的影响

（a）发芽势变化；（b）发芽率变化

　　在本实验中，我们设定的极距为 d=40mm，实验中发现击穿电压为 19kV，起晕电压约为 6kV。这说明，实验时，4kV 和 8kV 在产生电晕放电的临界电压附近，此时，等离子体浓度较低，电压较小，等离子体加速后能量也很小，对种子的物理化学刻蚀适当，所以，此剂量下对萌发有刺激效应。随着电压升高，场强增加，放电等离子体浓度增大，离子风速度加大，对紫花苜蓿种子的物理化学刻蚀程度逐渐加深，多种因素相加对紫花苜蓿造成的损伤程度加大，进而转化为对萌发起抑制作用。对于加培养皿盖遮挡处理组来说，在高剂量电压时，为刺激效应，主要原因是培养皿盖遮挡放电作用使起晕电压和击穿电压升高，且能够非常有效地减小离子风对种子的物理刻蚀程度，同时降低紫花苜蓿种子所接受的场强，并使紫花苜蓿种子接受的辐射电场更趋均匀，等离子体活性物质的浓度更小，使化学刻蚀紫花苜蓿种子程度减弱。阻挡作用使高剂量电压下这几种因素叠加后对紫花苜蓿的作用适当，所以对萌发表现为刺激效应，同时也促进了紫花苜蓿的生长。

有无培养皿盖阻挡放电对紫花苜蓿种子的发芽势和发芽率有截然相反的影响，整个变化趋势呈非单调振荡型曲线，考虑可能是由于细胞受到不同的高压非均匀电场的刺激后损伤修复程度不同，其中放电等离子体的电穿孔损伤作用不可忽视。当外加高压电场后，细胞膜各点受到电场力的作用，细胞膜上的分子或离子就会发生碰撞、吸引、排斥等一系列运动，加之电场的物理化学刻蚀，导致细胞膜上出现孔洞，细胞电穿孔使膜内分子间相互作用力的平衡遭到破坏。白爱枝等研究结果表明，经高压电场处理后，细胞的形态发生了明显变化，细胞膜和细胞壁损伤严重，细胞内容物溢出。当电压达到一定强度时会对发芽产生抑制作用，而高压电晕电场处理对种皮有刻蚀作用会促进发芽过程，与高压非均匀电场其他效应共同作用使得种子萌发分别呈刺激或抑制作用。另外此过程中伴随着种子的自我损伤修复过程，导致整个变化趋势呈非单调振荡型曲线。

2.6.9 电晕放电等离子体对紫花苜蓿种子苗高和鲜重的影响

经电晕放电等离子体处理后，紫花苜蓿苗高和鲜重如图 2-30、图 2-31 所示。从图 2-30 中可以看出，经电晕放电等离子体处理后，紫花苜蓿的苗高与对照相比都有大幅度提高，总体呈先升后降趋势，低剂量处理无论是否有介质阻挡放电，对苗高影响较大，随着剂量升高，苗高有一定降低，但均大幅度高于对照组。单因素方差分析显示，除 19kV 处理组外，各处理组与对照组之间皆存在显著性差异（$P<0.05$），而同剂量电压处理组间不存在显著性差异（$P>0.05$）。

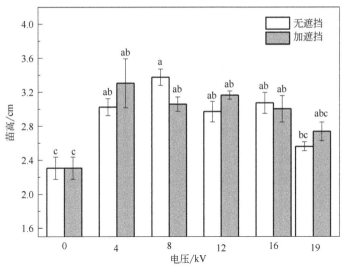

图 2-30 电晕放电等离子体处理对种子苗高的影响

[不同字母表示处理间差异有统计学意义（$P<0.05$）]

从图 2-31 可知，除 4kV 加培养皿盖阻挡放电组和 12kV 无阻挡组的鲜重低于对照组外，其余各处理组的鲜重与对照组相比都有一定提高。鲜重的变化趋势与发芽势、发芽率的变化趋势基本相同。单因素方差分析显示，部分处理组与对照组之间存在显著性差异（$P<0.05$）。

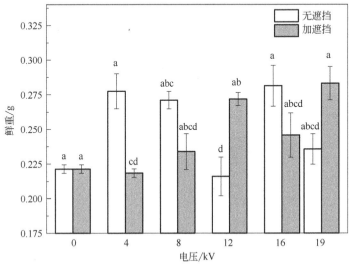

图 2-31 电晕放电等离子体处理对种子鲜重的影响

[不同字母表示处理间差异有统计学意义（$P<0.05$）]

造成上述现象的原因可能是一定强度的电晕放电等离子体处理可提高自由基的含量，增强生物膜透过性，提高酶活性，进而使种子提早萌发，生长加快。种子萌发是一个复杂的过程，受多因素调控，其生理活动过程离不开酶的参与。胡建芳的研究表明，电场处理可提高酶活性，促进种子的呼吸作用，为种子萌发提供必要的物质能量保障，加速新细胞分化，促进根芽分化和生长，这也是种子在电场处理后萌发指标及活力提高的内在原因。前人研究认为，酶活性的增强与电场处理诱导酶的合成有关，其机制可能是电场作用引起蛋白质、糖、脂质等极性分子和离子的定向排列，从而引起含金属离子酶的构象发生变化，对酶提前进行激活作用，进而对放电等离子体处理后的幼苗产生促进作用。

2.6.10 电晕放电等离子体对紫花苜蓿种子浸出液电导率的影响

经电晕放电等离子体处理后，紫花苜蓿种子浸出液电导率如图 2-32 所示。由图 2-32 可知，用电压为 4kV、8kV、16kV、19kV 的电晕放电等离子体处理紫花苜蓿种子 30min 后无论有无培养皿盖遮挡，紫花苜蓿种子浸出液的电导率较对照组来看都有一定提高。电压为 4kV、8kV、16kV 时，无遮挡处理组种子浸出液的电导率均高于加遮挡处理组的电导率。电压为 19kV 时，

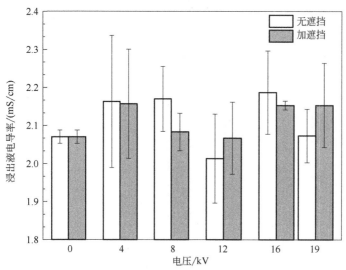

图 2-32 电晕放电等离子体处理后种子浸出液的电导率的变化

加遮挡处理组种子浸出液的电导率高于无遮挡处理组。经电压为 12kV 的电晕放电等离子体处理后，无论有无培养皿盖遮挡，紫花苜蓿种子浸出液的电导率较对照组都低。从变化趋势看，紫花苜蓿种子浸出液的电导率随电压升高呈先升后降再升再降的非单调振荡型曲线。

2.6.11 电晕放电等离子体对紫花苜蓿幼苗 ROS 含量的影响

如图 2-33 所示，接种 50h 后，处理组的 ROS 含量均高于对照组，并且无遮挡处理组 ROS 水平略高于加遮挡处理组。接种后第 4d、7d，处理后的 ROS 含量较第 50h 相比均显著降低，并且处理组的 ROS 含量低于对照组，无遮挡处理组 ROS 含量略低于加遮挡处理组。同时，在第 4d、7d 时，组内已经没有显著性差异。

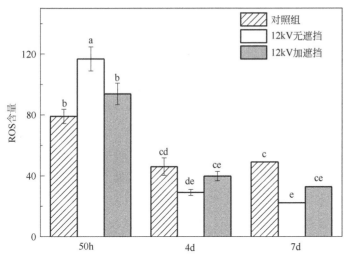

图 2-33　电晕放电等离子体处理后紫花苜蓿幼苗 ROS 含量变化
[不同字母表示处理间差异有统计学意义（$P<0.05$）]

自由基伤害学说认为，在正常情况下，植物细胞中存在着活性氧的产生和消除两个过程。在等离子体作用下，植物受到外界刺激，短时间内植物体内活性氧大量累积，会打破其原有的代谢过程中通过多种途径产生的活性氧及其清除系统即保护酶系统的平衡。如图 2-33 所示，在萌发 50h 后，由于受到外界刺激，电晕放电等离子体处理后幼苗的 ROS 含量均高于对照组，且无遮挡处理组高于遮挡组，可能是由于无遮挡处理组受到的刺激更大。接种较长一段时间后，处理组受到外界刺激体内活性氧大量累积引发了清除系统的活跃性，加之等离子体的作用使得处理组的保护酶系统酶活性提高，活性氧自由基遭到了大幅清除，所以第 4d 和第 7d 幼苗 ROS 含量显著降低；并且无遮挡处理组比加遮挡处理组更低，可能是多种因素下，由于受到的外界刺激更大，应激反应更强烈，使清除活性氧自由基的保护酶活性提高更大。而在第 4d、第 7d 时同一处理下的活性氧含量之间已无显著性差异，说明植物体内活性氧的产生与清除系统已趋于平衡。研究表明，ROS 含量与幼苗生长呈负相关，因而在趋于平衡后，处理组的活性氧含量明显低于对照组，幼苗的苗高相比对照组都有不同程度的增加。这是因为轻中度刺激下，植物体内酶活性增强，渗透调节能力增加，新细胞加速生成，进而促进植物生长。

2.6.12 电晕放电等离子体对紫花苜蓿生物效应分析

2.6.12.1 非均匀电场与离子风对种子的生物效应

电晕放电等离子体生物效应是由多种因素协同作用产生的，对放电等离子体的物理本质特征分析可知，主要有两部分物理因素可对生物体产生影响，一为非均匀电场生物效应，二为放电等离子体活性物质在电场作用下形成的离子风生物效应。

非均匀电场对处在其中的生物体有一系列作用，如可对生物膜产生影响、改变酶活性、促进愈伤组织增殖分化、影响光合器官和功能等。电晕放电等离子体的另一个作用就是非均匀电晕放电，电晕放电可以使空气电离产生较多低温等离子体，并在电场作用下形成离子风，特别是同时产生的化学物质，包括活性氧（ROS）和活性氮（RNS），这些化学物质具有较高的催化活性和生物效应，能与生物活性分子发生反应，改变其结构。而且电晕放电还可产生水煤气、CO_2、CO 和含有—$C(CH_3)_3$ 部分的分子，可能通过氧化种皮的有机组分对种子表面形成化学刻蚀。以往的研究也表明，放电等离子体过程中的一些活性离子和自由基渗透到种皮中，改变种皮的化学结构，进而影响植物的生理反应和生长。

本节研究电晕放电等离子体处理时，用有无培养皿盖遮挡放电来近似比较两种因素的生物效应影响。由气体放电理论可知，当电晕放电等离子体处理紫花苜蓿种子时，加培养皿盖遮挡放电，可导致种子接受的总场强迅速减小。电场强度的减小导致微放电的减少和击穿电压升高。并且实验发现介质阻挡层可以有效地降低等离子体的非均匀度。总之，在电晕放电等离子体处理紫花苜蓿种子时，加培养皿盖遮挡放电，可以非常有效地减小离子风对紫花苜蓿种子的物理刻蚀程度，同时降低紫花苜蓿种子接受的场强，并使紫花苜蓿种子接受的辐射电场更趋均匀，等离子体活性物质的浓度更小，使化学刻蚀紫花苜蓿种子程度减弱。综合本研究检测结果发现，在种皮的微观结构方面，电晕放电等离子体处理后，种子表面网络结构变得模糊，尤其是无遮挡处理组表面刻蚀更为明显，甚至出现大量的细沟槽，而遮挡组几乎无离子风刻蚀作用，表面刻蚀程度比较小，说明较非均匀电场，离子风对种子表面微观形貌影响更大；在化学结构组成成分方面，无遮挡处理组的红外光谱峰值普遍变化更为剧烈，表明离子风对紫花苜蓿种皮的改变更大；在亲水性方面，离子风较非均匀电场对种子的影响更大；在萌发及生长指标方面，由于影响因素较复杂，实验结果呈现非单调振荡型曲线，无法简单阐明二者的作用贡献率，将进行详细分析；对于辐射信号 ROS 变化水平，在电晕放电等离子体辐射初期，离子风对幼苗造成了更大的氧化应激损伤，发生的变化曲线更大。

2.6.12.2　电晕放电等离子体对种子亲水性的影响

紫花苜蓿作为豆科植物，其种子具有一层致密的蜡质种皮，表现为疏水性。为检测电晕放电等离子体处理后种子的亲水性是否能够得到改善，本研究采用了多种检测手段。

表观接触角是判断亲水性最直接的依据，当样品与水的接触角值在 90°以上时，表明该样品疏水性较强且不利于浸润，当接触角值小于 90°时，表明该样品亲水性较强且利于浸润。如图 2-23 所示，未处理的种子表现出较强的疏水性，经电晕放电场处理后，种子的表观接触角明显减小（其中 8 kV 加遮挡组种子的表观接触角变化相对较小），说明亲水性得到了显著改善，可能是电晕放电等离子体通过多种作用机制使种子表皮发生了变化。利用 SEM 对所提出的表面形态变化进行了验证，图 2-25 为代表性图像。无论是非均匀电场还是离子风均可以对种皮微观形貌和化学结构产生影响，发生刻蚀作用，使种子表皮减薄，并产生刻蚀裂纹。

2.6.12.3 电晕放电等离子体对种子生理指标的影响

电晕放电等离子体处理紫花苜蓿后，种皮高度致密的表面纹理易碎易裂，有利于水分和养分的有效吸收的同时也增加了种子中电解液的外渗。电晕放电等离子体处理后，除 12kV 的处理组外，其他各组无论是否有培养皿盖遮挡放电，其浸出液的电导率都较对照组有不同程度的提高。

从图 2-29 和图 2-31 的发芽势、发芽率和鲜重结果可知，当没有培养皿遮挡放电时，在低剂量即 4kV 和 8kV 时，电晕放电等离子体处理对紫花苜蓿的萌发有刺激效应，可促进紫花苜蓿幼苗生长。当电压继续增大时，对种子的萌发表现为抑制作用，同时也对紫花苜蓿的生长量有一定抑制作用。

2.6.13　小结

① 电晕放电等离子体处理苜蓿种子时，无论是否有培养皿盖遮挡，均可通过改变苜蓿种子的化学结构来改善苜蓿种子的亲水性，无培养皿盖遮挡的直接暴露组改善程度更大，随着放电电压的升高，苜蓿种皮刻蚀严重，种子表皮纤维素降解和种皮表面裂缝的产生导致其吸水能力的提高，进而其生长特性如苗高得到大幅提高，说明离子风这一物理因素是生物效应的主要原因，应该引起研究者的重视。

② 在电晕放电等离子体处理苜蓿种子时，加培养皿盖遮挡，可以非常有效地减小离子风对种子的物理刻蚀程度，使化学刻蚀苜蓿种子程度减弱。在对紫花苜蓿种皮微结构、化学成分和种子亲水性影响方面，离子风比非均匀电场贡献更多，并已部分转化为宏观生物效应的变化。

参考文献

[1] 宋智青，丁昌江，栾欣昱，等. 高压电晕电场生物效应研究评述 [J]. 核农学报，2018，33（1）：75-81.

[2] 朝鲁蒙. 电晕电场对沙蒿的生物效应及电场介导大豆 Gy3 基因转入沙蒿的研究 [D]. 内蒙古：内蒙古大学，2011.

[3] 刘晓娃. 电晕放电离子分布影响因素的研究 [D]. 保定：河北大学，2017.

[4] 徐学基，诸定昌. 气体放电物理 [M]. 上海：复旦大学出版社，1996.

[5] 许潇，那日，杨军，等. 高压电晕电场放电特性的研究 [J]. 内蒙古大学学报，2009，40（5）：600-604.

[6] 朱益民，孔祥鹏，陈海丰，等. 针阵列对板电晕放电捕集微细颗粒物研究 [J]. 北

京理工大学学报，2005，25：137-140.

［7］吴祖良，侯培，赵佳佳，等．电晕放电耦合湿式吸收同时脱硫脱硝的实验研究［J］．高电压技术，2016，42（2）：398-404.

［8］Ma Y X，Wang X Q，Ning P，et al. Simultaneous removal of PH_3，H_2S，and dust by corona discharge［J］. Energy&Fuels，2016，30（11）：9580-9588.

［9］朱林泉，朱苏磊，靳雁霞．SARS 病毒紫外 C 杀灭技术［J］．应用激光，2003，23（6）：342-344.

［10］任涛，廖毅凡．杀菌技术及其应用［J］．食品安全导刊，2019（21）：148.

［11］Saulis G. Electroporation of cell membranes：the fundamental effects of pulsed electric fields in food processing［J］. Food Engineering Reviews，2010，2（2）：52-73.

［12］Tian T Y. On electroporation of cell membranes and some related phenomena［J］. Bioelectroch-emistry and Bioenergetics，1990，24（3）：271-295.

［13］李霜，李诚，陈安均，等．高压脉冲电场对调理牛肉杀菌效果的研究［J］．核农学报，2019，33（4）：722-731.

［14］Yu H J，Bai A Z，Yang X W，et al. Electrohydrodynamic drying of potato and process optimization［J］. Journal of Food Processing and Preservation，2018，42（2）：e13492.

［15］Ding C J，Lu J，Song Z Q. Electrohydrodynamic drying of carrot slices［J］. PloS One，2015，10（4）：e0124077.

［16］Ni J B，Ding C J，Zhang Y M，et al. Impact of different pretreatment methods on drying characteristics and microstructure of goji berry under electrohydrodynamic（EHD）drying process［J］. Innovative Food Science and Emerging Technologies，2020，61（2）：102318.

［17］He X L，Liu R，Tatsumi E，et al. Factors affecting the thawing characteristics and energy consumption of frozen pork tenderloin meat using high-voltage electrostatic field［J］. Innovative Food Science & Emerging Technologies，2014，22：110-115.

［18］Zhang Y M，Ding C J，Ni J B，et al. Effects of high-voltage electric field process parameters on the water-holding capacity of frozen beef during thawing process［J］. Journal of Food Quality，2019，2019（4）：1-11.

［19］Bai Y X，Huo Y，Fan X. Experiment of thawing shrimps（*Penaeus vannamei*）with high voltage electric field［J］. International Journal of Applied Electromagnetics and Mechanics，2017，55（3）：499-506.

［20］谷卓，那日，石薇，等．高压电晕电场对黄霉素产生菌诱变效应［J］．核农学报，2012，26（5）：740-745.

［21］Qi H，Na R，Xin J L T，et al. Effect of corona electric field on the production of gamma-poly glutamic acid based on bacillus natto［J］. Journal of Physics Conference

Series，2013，418（1）：12139.

［22］白爱枝，李瑞云，王新雨，等. 高压静电场对大肠杆菌的生物学效应 [J]. 高电压技术，2016，42（8）：2534-2539.

［23］王云龙，白爱枝，宋智青，等. 不同高压电场对大肠杆菌诱变效应的比较 [J]. 核农学报，2018，32（1）：14-21.

［24］Brasoveanu M，Nemtanu M R，Surdu-Bob C，et al. Effect of glow discharge plasma on germination and fungal load of some cereal seeds [J]. Romanian reports in physics，2015，67（2）：617-624.

［25］Sadhu S，Thirumdas R，Deshmukh R R，et al. Influence of cold plasma on the enzymatic activity in germinating mung beans（*Vigna radiate*）[J]. Lwt，2017，78：97-104.

［26］Bormashenko E，Grynyov R，Bormashenko Y，et al. Cold radiofrequency plasma treatment modifies wettability and germination speed of plant seeds [J]. Scientific Reports，2012，2（1）：741 .

［27］Guo Q，Wang Y，Zhang H R，et al. Alleviation of adverse effects of drought stress on wheat seed germination using atmospheric dielectric barrier discharge plasma treatment [J]. Scientific Reports，2017，7（1）：16680.

［28］Luan X Y，Song Z Q，Xu W Q，et al. Spectral characteristics on increasing hydrophilicity of alfalfa seeds treated with alternating current corona discharge field[J]. Spectrochimica Acta Part A：Molecular and Biomolecular Spectroscopy，2020，236：118350.

［29］邓鸿模，虞锦岚，周艾民，等. 高压静电植物速成栽培技术的研究 [J]. 现代静电科学技术研究，1999：202-205.

［30］Sundararajan R. Nanosecond electroporation：another look [J]. Molecular Biotechnology，2009，41（1）：69-82.

［31］朱诚，房正浓，曾广文. 高压静电场处理对老化黄瓜种子脂质过氧化的影响 [J]. 浙江大学学报（农业与生命科学版），2000，26（2）：127-130.

［32］赵剑，马福荣，杨文杰，等. 高压静电场（HVEF）对大豆种子吸胀冷害的影响[J]. 生物物理学报，1995，11（4）：595-598.

［33］吕剑刚，杨体强，苏恩光，等. 电场处理小麦种子对幼苗生长抗盐性的影响 [J]. 内蒙古大学学报（自然科学版），2001，32（6）：707-710.

［34］石贵玉，张振球. 高压静电场对水稻种子生理生化的影响 [J]. 静电，1996，11（2）：5-6.

［35］丁孺牛，易伟松，杨国正，等. 高压静电场对油菜种子品质的影响及机理初探 [J]. 湖北农业科学，2004，6：34-36.

［36］梁运章. 静电场对甜菜种子自由基的影响 [J]. 高电压技术，1995，21（2）：18-19.

［37］Zhang Y，Liu L J，Ouyang J T. On the negative corona and ionic wind over water electrode surface [J]. Journal of Electrostatics，2014，72（1）：76-81.

[38] Yu Z L. Introduction to ion beam biotechnology [M]. New York：Springer Press，2006.

[39] Gurunathan T，Mohanty S，Nayak S K. A review of the recent developments in biocomposites based on natural fibres and their application perspectives[J]. Composites Part A，2015，77：1-25.

[40] Song Z Q，Liang Y Z，Zhang X S，et al. Biological effects of low energy ion beam implantation on plant [J]. Current Topics on Plant Biology，2006：75-84 .

[41] Apel K，Hirtert H. Reactive oxygen species：metabolism，oxidative stress，and signal transduction [J]. Annual Rview of Plant Biology，2004，55：373-399.

[42] Neill S J，Desikan R，Hancock J H. Hydrogen Peroxide Signalling [J]. Current Opinion in Plant Biology，2002，5：388-395.

[43] Scheler C，Durner J，Astier J. Nitric oxide and reactive oxygen species in plant biotic interactions [J]. Current Opinion in Plant Biology，2013，16（4）：534-539.

[44] Baxter A，Suzuki N，Mittler R. ROS as key players in plant stress signalling [J]. Journal of Experimental Botany，2014，65（5）：1229-1240.

[45] Korachi M，Aslan N. The effect of atmospheric pressure plasma corona discharge on ph，lipid content and DNA of bacterial cells[J]. Plasma Science and Technology，2011，13（1）：99-105.

[46] 张雪，张晓菲，王立言，等. 常压室温等离子体生物诱变育种及其应用研究进展 [J]. 化工学报，2014，65（7）：2676-2684.

[47] 吴春艳，张俐，郑世民. 高压静电场对动物机体生物效应的影响机理及其应用 [J]. 动物学进展，2004，25（3）：7-9.

[48] Unugi S K，Amada H Y，Akajima T N，et al. Control of enzyme-distribution in enzyme-membrance by electric field [J]. Membrane，1987，12（2）：101-105.

[49] 孙茹，黄淑珍，刘保垣，等. 高压静电场对消除小白鼠疲劳的影响 [J]. 中国医学物理学杂志，1995，12（4）：213-214.

[50] 温尚斌，马福荣，许守民，等. 高压静电场促进植物吸收离子机理的初步探讨 [J]. 生物化学与生物物理进展，1995，22（4）：377-379.

[51] 侯福林，金兰芝，柳建军，等. 高压静电场对春萝卜种子活力的影响 [J]. 山东农业科学，1995，4（5）：32-33.

[52] 毕世春，张慧. 电磁场在农业技术方面的应用 [J]. 山东农业大学学报：自然科学版，1995，26（2）：246-248.

[53] Boudaï B F，Cloutier P，Hunting D，et al. Resonant formation of DNA strand breaks by low-energy（3 to 20 eV）electrons [J]. Science，2000，287（5458）：1658-1660.

[54] Barry D M，Peter O. Molecular biology. a sting in the tail of electron tracks [J].

Science，2000，287（5458）：1603-1605.

[55] 李伟，杨体强，赵清春，等. 不同电场处理条件对糜子种子萌发抗旱性的影响 [J].
种子，2017，36（6）：1-3，8.

[56] 栾欣昱，宋智青，杜佳欣，等. 高压电晕电场处理紫花苜蓿的生物效应 [J]. 种子，
2019，38（9）：18-23.

[57] 胡玉才，袁泉，陈奎孚. 农业生物的电磁环境效应研究综述 [J]. 农业工程学报，
1999，15（2）：21-26.

[58] 刘辉. 高压芒刺电场对大豆种子萌发及其活性的影响 [D]. 吉林：东北师范大学，
2006.

[59] 杨体强，朱海英，袁德正，等. 电场对油葵种子萌发影响的有效时间 [J]. 核农学
报，2013，27（6）：879-883.

[60] 胡新中. 燕麦品质与加工 [M]. 北京：科学出版社，2009.

[61] 韩启亮，王星醒，张浩楠，等. 莜麦新品种晋燕 19 号的选育及栽培技术 [J]. 山
西农业科学，2020，48（12）：1891-1893.

[62] Sterna V，Zute S，Brunava L. Oat grain composition and its nutrition benefice [J].
Agriculture and Agricultural Science Procedia，2016，8：252-256.

[63] Martínez-Villaluenga C，Peñas E. Health benefits of oat：current evidence and molecular
mechanisms [J]. Current Opinion in Food Science，2017，14：26-31.

[64] Xu S J，An L Z，Feng H Y，et al. The seasonal effects of water stress on ammopiptanthus
mongolicuss in a desert environment[J]. Journal of Arid Environments，2002，51（3）：
437-447.

[65] Sun J，Nie L Z，Sun G Q，et al. Cloning and characterization of dehydrin gene
from ammopiptanthus mongolicuss [J]. Molecular Biology Reports，2013，40（3）：
2281-2291.

[66] Gao F，Wang J Y，Wei S J，et al. Transcriptomic analysis of drought stress responses
in ammopiptanthus mongolicuss leaves using the RNA-Seq technique [J]. PLoS One，
2015，10（4）：e0124382.

[67] Zhou Y J，Gao F，Liu R，et al. De novo sequencing and analysis of root transcriptome
using 454 pyrosequencing to discover putative genes associated with drought tolerance
in ammopiptanthus mongolicuss [J]. BMC Genomics，2012，13（1）：266-279.

[68] 张明婷. 盐碱胁迫对 3 种沙生植物种子萌发及幼苗生长的影响 [D]. 兰州：兰州大
学，2015.

[69] 陈浩. PFOS 对蒺藜苜蓿与丛枝菌根真菌共生的影响及低能离子生物效应机理研究
[D]. 合肥：中国科学院研究生院，2010.

[70] Babu T S，Akhtar T A，Guelph U O，et al. Similar stress responses are elicited by
copper and ultraviolet radiation in the aquatic plant *Lemna Gibba*：implication of

reactive oxygen species as common signals [J]. Plant and Cell Physiology, 2004, 44 (12): 1320-1329.

[71] 缪劲松, 陈阳, 张宇, 等. 针-板电极正负电晕放电离子风的对比研究 [J]. 北京理工大学学报, 2017, 37 (1): 61-65.

[72] 栾欣昱. 高压电晕电场处理紫花苜蓿的生物学效应研究 [D]. 呼和浩特: 内蒙古工业大学, 2020.

[73] Luis A. del Río ROS and RNS in plant physiology: an overview [J]. Journal of Experimental Botany, 2015, 66 (10): 2827-2837.

[74] Keidar M, Walk R, Shashurin A, et al. Cold plasma selectivity and the possibility of a paradigm shift in cancer therapy [J]. British Journal of Cancer, 2011, 105 (9): 1295-1301.

[75] Wang X Q, Zhou R W, Groot G D, et al. Spectral characteristics of cotton seeds treated by a dielectric barrier discharge plasma [J]. Scientific Reports, 2017, 7 (1): 1-9.

[76] Stolárik T, Henselová M, Martinka M, et al. Effect of low-temperature plasma on the structure of seeds, growth and metabolism of endogenous phytohormones in pea (*Pisum sativum* L.) [J]. Plasma Chemistry and Plasma Processing, 2015, 35 (4): 659-676.

[77] Rico C M, Peralta-Videa J, Gardea-Torresdey J L. Differential effects of cerium oxide nanoparticles on rice, wheat, and barley roots: a fourier transform infrared (FT-IR) microspectroscopy study [J]. Applied Spectroscopy, 2015, 69 (2): 287-295.

[78] Lammers K, Arbuckle-Keil G, Dighton J. FT-IR study of the changes in carbohydrate chemistry of three New Jersey pine barrens leaf litters during simulated control burning [J]. Soil Biology and Biochemistry, 2009, 41 (2): 340-347.

[79] Shi T N, Shao M L, Zhang H R, et al. Surface modification of porous poly (tetrafluoroethylene) film via cold plasma treatment [J]. Applied Surface Science, 2011, 258 (4): 1474-1479.

[80] Bogaerts A, Neyts E C, Gijbels R, et al. Gas discharge plasmas and their applications [J]. Spectrochimica Acta Part B: Atomic Spectroscopy, 2002, 57 (4): 609-658.

[81] Himmelsbach D S, Hellgeth J, Mcalister D D. Development and use of an attenuated total reflectance/Fourier transform infrared (ATR/FT-IR) spectral database to identify foreign matter in cotton [J]. Journal of Agricultural & Food Chemistry, 2006, 54 (20): 7405-7412.

[82] Teerakawanich N, Kasemsuwan V, Jitkajornwanich K, et al. Microcorona discharge-mediated nonthermal atmospheric plasma for seed surface modification [J]. Plasma Chemistry and Plasma Processing, 2018, 38 (4): 817-830.

[83] Meng Y R, Qu G Z, Wang T C, et al. Enhancement of germination and seedling growth of wheat seed using dielectric barrier discharge plasma with various gas sources

［J］. Plasma Chemistry and Plasma Processing，2017，37（4）：1105-1119.

［84］Cramariuc R，Donescu V，Popa M，et al. The biological effect of the electrical field treatment on the potato seed: agronomic evaluation［J］. Journal of Electrostatics，2005，63（6-10）：837-846.

［85］Wang G X，Huang J L，Gao W N，et al. The effect of high-voltage electrostatic field （hvef）on aged rice（*Oryza sativa* L.）seeds vigor and lipid peroxidation of seedlings ［J］. Journal of Electrostatics，2009，67（5）：759-764.

［86］Sheteiwy M，An J Y，Yin M Q，et al. Cold plasma treatment and exogenous salicylic acid priming enhances salinity tolerance of oryza sativa seedlings ［J］. Protoplasma，2019，256（1）：1-20.

［87］Fazeli M，Florez J P，Simão R A. Improvement in adhesion of cellulose fibers to the thermoplastic starch matrix by plasma treatment modification ［J］. Composites Part B: Engineering，2019，163（15）：207-216.

［88］Sera B，Spatenka P，Sery M，et al. Influence of plasma treatment on wheat and oat germination and early growth ［J］. IEEE Transactions on Plasma Science，2010，38（10）：2963-2968.

［89］Li Y J，Wang T C，Meng Y R，et al. Air atmospheric dielectric barrier discharge plasma induced germination and growth enhancement of wheat seed［J］. Plasma Chemistry and Plasma Processing，2017，37（6）：1621-1634.

［90］Filatova I，Azharonok V，Kadyrov M，et al. The effect of plasma treatment of seeds of some grain and legumes on their sowing quality and productivity ［J］. Romanian Journal of Physics，2011，56：139-143.

［91］Chen H H，Chen Y K，Chang H C. Evaluation of physicochemical properties of plasma treated brown rice ［J］. Food Chemistry，2012，135（1）：74-79.

［92］Sera B，Stranak V，Sery M，et al. Germination of chenopodium album in response to microwave plasma treatment［J］. Plasma Science & Technology，2008，10（4）：506-511.

［93］Wu A J，Zhang H，Li X D，et al. Spectroscopic diagnostics of rotating gliding arc plasma codriven by a magnetic field and tangential flow ［J］. IEEE Transactions on Plasma Science，2014，42（11）：3560-3568.

［94］Stolárik T，Henselová M，Martinka M，et al. Effect of low-temperature plasma on the structure of seeds，growth and metabolism of endogenous phytohormones in pea（*Pisum sativum* L.）［J］. Plasma Chemistry. Plasma Processing，2015，35（4）：659-676.

［95］高晶. 针-板电晕电场的构建及针-板电晕电场介导大豆 DNA 转化花棒的初步研究 ［D］. 呼和浩特：内蒙古大学，2009.

［96］张桐恺，张宇，季启政，等. Characteristics and underlying physics of ionic wind in dc corona discharge under different polarities ［J］. Chinese Physics B，2019，28（7）328-336.

［97］李锰，汪泷，王湘汉，等．不同电极结构中 SF6/N$_2$ 混合气体正向流注电晕放电特性［J］．电工电能新技术，2015，34（5）：24-28.

［98］邱志斌，阮江军，徐闻婕，等．典型电极短空气间隙的击穿电压混合预测［J］．高电压技术，2018，44（6）：2012-2018.

［99］律方成，耿庆忠，朱雷，等．不同海拔下 750kV 输电线路导线起始电晕特性研究［J］．高压电器，2013，49（9）：1-6.

［100］Miichi T，Kanzawa R. Advanced oxidation process using DC corona discharge over water ⌊J］. Ieej Transactions on Fundamentals & Materials，2018，138（2）：57-63.

［101］Bideak A，Blaut A，Hoppe J M，et al. The atypical chemokine receptor 2 limits renal inflammation and fibrosis in murine progressive immune complex glomerulonephritis ［J］. Kidney International，2018，93（4）：826-831.

［102］Trichel G W. The mechanism of the negative point to plane corona onset［J］. Physical Review，1938，54：1087-1093.

［103］许潇．电晕放电介导大豆 DNA 转化羊柴的初步研究［D］．呼和浩特：内蒙古大学，2009.

［104］朱益民．一种非热放电和光催化协同净化污染空气的装置［P］：CN03202958.6.2004-09-22.

［105］朱益民，王晓臣，公维民．非热放电对室内空气净化效果研究［J］．中国消毒学杂志，2004，21（3）：213-215.

［106］李华，云红梅，杜晓霞，等．采用针-环离子源的集成式高场非对称波形离子迁移谱系统［J］．光学精密工程，2019，27（6）：50-52.

［107］罗强强，解光勇，全汝岱，等．电晕放电法制备臭氧技术研究［J］．信息技术，2009，33（4）：25-27.

［108］谭敏．电晕场处理对水稻种子活力的影响及生理机制的研究［D］．泰安：山东农业大学，2014.

［109］高荣岐，张春庆．种子生物学［M］．北京：中国科学技术出版社，2002：37-45.

［110］Chiu F Y，Chen Y R，Tu S L，et al. Electrostatic interaction of phytochromobilin synthase and ferredoxin for biosynthesis of phytochrome chromophore［J］. Journal of Biological，Chemistry，2010，285（7）：5056-5065.

［111］Ulrichs C，Krause F，Rocksch T，et al. Electrostatic application of inert silica dust based insecticides onto plant surfaces［J］. Communications in Agricultural & Applied Biological Sciences，2006，71（2 Pt A）：171-178.

［112］Podlesny J，Pietruszewski S，Podlesna A，et al. Efficiency ofthe magnetic treatment ofbroad bean seeds cultivated under experimental plot conditions［J］. Int Agrophys，2004，18：65-71.

［113］黄雅琴．微波辐照对蚕豆种子萌发、花粉发育及农艺性状的影响［J］．南方农业

学报，2017，48（11）：1948-1953.

[114] 苏柠，张薇，王慷林，等. 微波辐射和 IBA 浸种对云南松幼苗生长的影响 [J]. 种子，2015，34（6）：69-72.

[115] Waziiroh E，Harijono，Kamilia K. Microwave-assisted extraction（MAE）of bioactive saponin from mahogany seed（*Swietenia mahogany* Jacq）[J]. IOP Conference Series Earth and Environmental Science，2018，131（1）：012006.

[116] Wilde M D，Buisson E，Yavercovski N，et al. Using microwave soil heating to inhibit invasive species seed germination [J]. Invasive Plant Science & Management，2018，10（3）：1-107.

[117] Torres J，Socorro A，Eduard H，et al. Effect of homogeneous static magnetic treatment on the adsorption capacity in maize seeds（*Zea mays* L.）：magnetic treatment on seed adsorption capacity [J]. Bioelectromagnetics，2018，39（5）：34-40.

[118] Carbonell M V，Flórez M，Martinez E，et al. Study of stationary magnetic fields on initial growth of pea（*Pisum sativum* L.）seeds [J]. Seed Science Technology，2011，39：673-679.

[119] 李伟. 超声波、磁场和电场处理对大豆种子萌芽活力的影响研究 [J]. 农业研究与应用，2017，6：21-25.

[120] Angel D S，García D，Lilita S，et al. Improvement of the seed germination，growth and yield of onion plants by extremely low frequency non-uniform magnetic fields [J]. Scientia Horticulturae，2014（176）：63-69.

[121] Zahoranova A，Henselova M，Hudecova D，et al. Effect of cold atmospheric pressure plasma on the wheat seedlings vigor and on the inactivation of microorganisms on the seeds surface [J]. Plasma Chemistry and Plasma Processing，2016，36（2）：397-414.

[122] Zhou Z，Huang Y，Yang S，et al. Introduction of a new atmospheric pressure plasma device and application on tomato seeds [J]. Agricultural Sciences，2011，2（1）：2327.

[123] Li L，Jiang J F，Li J G，et al. Effects of cold plasma treatment on seed germination and seedling growth of soybean [J]. Scientific Reports，2014，4（1）：5859-5865.

[124] Junior C A，Vitoriano J O，Silva D L S，et al. Water uptake mechanism and germination of Erythrina velutina seeds treated with atmospheric plasma [J]. Scientific Reports，2016，6（1）：33722-33728.

[125] Zhang W J，Bjorn L O. The effect of ultraviolet radiation on the accumulation of medicinal compounds in plants [J]. Fitoterapia，2009，80（4）：207-218.

[126] Grzegorzewski F，Rohn S，Kroh L W，et al. Surface morphology and chemical composition of lamb's lettuce（*Valerianella locusta*）after exposure to a low-pressure oxygen plasma [J]. Food Chemistry，2010，122（4）：1145-1152.

［127］陈建中，胡建芳，杜慧玲，等．高压静电场处理对番茄陈种子萌发活力的影响［J］．河南农业科学，2015，44（7）：111-114.

［128］胡建芳，张作伟，杜慧玲，等．高压电场处理对高粱种子萌发期酶活性的影响［J］．河南农业科学，2017，46（11）：30-34.

［129］黄洪云，杜宁，张璇，等．高压静电场处理对种子萌发的生理生化影响［J］．种子，2017，36（12）：74-76.

［130］赵清春．电场处理糜子种子对其萌发及幼叶基因表达的影响［D］．呼和浩特：内蒙古大学，2016.

［131］刘翔宇，杨体强，胡燕飞，等．电场处理柠条种子对干旱条件下幼叶基因表达的影响［J］．西北植物学报，2014，34（12）：2425-2431.

［132］杨生，那日，杨体强，等．电场处理对柠条种子萌发生长及酶活性的影响［J］．中国草地，2004，26（3）：78-81.

［133］孙迎春，张羽，李丽雅，等．高压芒刺静电场预处理对大豆种子发芽的影响［J］．东北师大学报自然科学版，2005，35（1）：54-56.

［134］蔡兴旺，王斌．茄子种高压静电场生物效应试验研究［J］．种子，2003（1）：16-17.

［135］李晓静，徐俊彩，刘杰才，等．分选型高压静电场对茄子种子发芽的影响［J］．内蒙古农业大学学报自然科学版，2014，35（6）：18-21.

［136］Lu X，Keidar M，Laroussi M，et al，Transcutaneous plasma stress：from soft-matter models to living tissues［M］．Materials Science & Engineering Reports，2019，138：36-59.

［137］Yang G，Wu L J，Chen L Y，et al．Targeted irradiation of shoot apical meristem of arabidopsis embryos induces long-distance bystander/abscopal effects［J］．Radiation Research，2007，167（3）：298-305.

［138］陈浩，解继红，于林清，等．低能离子束诱变机理研究进展［J］．安徽农业科学，2013，41（4）：1425-1426.

［139］Annicchiarico P，Barrett B，Brummer E C，et al．Achievements and challenges in improving temperate perennial forage legumes［J］．Critical Reviews in Plants Sciences，2015，34：327-380.

［140］Hadidi M，Ibarz M，Conde J，et al．Optimisation of steam blanching on enzymatic activity，color and protein degradation of alfalfa（*Medicago sativa*）to improve some quality characteristics of its edible protein［J］．Food Chemistry．2019，276：591-598.

［141］谢开云，何峰，李向林，等．我国紫花苜蓿主产田土壤养分和植物养分调查分析［J］．草业学报，2016，25（3）：202-214.

［142］Kitazaki S，Sarinont T，Koga K，et al．Plasma induced long-term growth enhancement of *Raphanus sativus* L．using combinatorial atmospheric air dielectric barrier discharge plasmas［M］．Current Applied Physics，2014，14：149-153.

［143］Junior C A，Vitoriano J O，Silva D，et al. Water uptake mechanism and germination of *Erythrina velutina* seeds treated with atmospheric plasma ［J］. Science Report，2016，6（1）：33722-33728.

［144］Zhou Y，Li P F，Zhang Q W，et al. The research on the identification of some polygonatum crude drugs by Fourier transform infrared spectrometry ［J］. Spectroscopy & Spectral Analysis，2013，33（7）：1791-1795.

［145］郑殿春. 高电压应用技术 ［M］. 北京：科学出版社，2016：108-113.

［146］Bazaka K，Jacob M V，Ostrikov K，et al. Sustainable life cycles of natural-precursor-derived nanocarbons ［J］. Chemical Reviews，2016，116（1）：163-214.

［147］Lu X，Laroussi M，Puech V，et al. On atmospheric-pressure non-equilibrium plasma jets and plasma bullets ［J］. Plasma Sources Science & Technology. 2012，21（3）：34005-34013.

［148］Grzegorzewski F，Rohn S，Kroh L W，et al. Surface morphology and chemical composition of lamb's lettuce（*Valerianella locusta*）after exposure to a low-pressure oxygen plasma ［J］. Food Chem，2010，122（4）：1145-1152.

［149］Celestin S，Bonaventural Z，Guaitella O，et al. Influence of surface charges on the structure of a dielectric barrier discharge in air at atmospheric pressure：experiment and modeling［J］. European Physical Journal-Applied Physics，2009，47（2）：22810.

［150］Foruzan E，Akmal A，Niayesh K，et al. Comparative study on various dielectric barriers and their effect on breakdown Voltage ［J］. High Voltage，2018，3（1）：51-59.

［151］Lu X P，Jiang C C，Dong X C，et al. FTIR spectroscopic characterization of material composition and structure of leaves of different citrus rootstocks under boron stress ［J］. Spectroscopy and Spectral Analysis，2017，37（10）：1380.

［152］Lahlali R，Song T，Chu M，et al. Evaluating changes in cell-wall components associated with clubroot resistance using Fourier transform infrared spectroscopy and RT-PCR ［J］. International Journal of Molecular Sciences，2017，18：2058.

［153］Sun Z，Yang F W，Li X，et al. Effects of freezing and thawing treatments on beef protein secondary structure analyzed with ATR-FTIR ［J］. Spectroscopy and Spectral Analysis，2016，36：3542-3546.

［154］Goh C F，Craig D Q M，Hadgraft J，et al. The application of ATR-FTIR spectroscopy and multivariate data analysis to study drug crystallisation in the stratum corneum ［J］. European Journal of Pharmaceutics and Biopharmaceutics，2016，111：16-25.

［155］白亚乡，胡玉才. 高压静电场对农作物种子生物学效应原发机制的探讨 ［J］. 农业工程学报，2003，19（2）：49-51.

［156］郭维生，杨性愉，杨体强，等. 高压静电场对 α-淀粉酶构象的影响 ［J］. 内蒙古

大学学报（自然科版），2001，32（3）：349-351.

[157] 杜红阳，侯小歌，刘欢攀. 亚精胺浸种对渗透胁迫下玉米种子萌发和淀粉酶活性的影响 [J]. 河南农业科学，2010，39（5）：8-10.

[158] Fridovich I. The biology of oxygen radicals: threats and defenses [M] // Oxygen Radicals in the Pathophysiology of Heart Disease. Springer，1988.

第三章
等离子体及其活化水对种子基因表达的影响

3.1 概述

  由于水在地球上含量很高，一些食品和生物体内也含有大量水分，所以放电等离子体在农业、食品以及生物医学领域的应用研究，大都涉及等离子体与水的相互作用，因此等离子体装置设计开发、界面物理化学过程调控及等离子体对水的活化研究具有重要意义。等离子体放电可以产生大量 RONS，通过在水中或水表面进行等离子体放电，RONS 与水进行物理化学相互作用，得到 PAW。PAW 具有活性组分含量高、均匀性和流动性良好、pH 值低和氧化还原电位较高等特点，是一种功能水，应用范围广，不产生二次污染。

  等离子体活化水技术被广泛应用于医学、农业、生物等众多领域。PAW 可灭活 SARS-CoV-2，对豌豆幼苗、小麦幼苗、小扁豆幼苗的生长具有积极影响，还可有效杀灭金黄色葡萄球菌、抑制尖孢镰刀菌 AF93247 生长、有效抑制青椒腐败并保持其品质。现有制备 PAW 所用等离子体装置，主要有氦等离子体射流装置、网状电极介质阻挡放电装置、介质阻挡电抗器设备放电装置、阴极（针）-阳极（铜环）玻璃管介电隔离放电系统、平面介质阻挡放电、同轴介质阻挡放电等。这几种放电等离子体装置主要有等离子体与水接触面积小、氦气成本较高、氦等离子体射流产生的等离子体浓度较低、不适合大批量处理等缺点。随着 PAW 的广泛应用，对 PAW 的需求量日益增加，迫切需要一种装置设计简单、活化作用效果明显、成本低廉、适合大批量处理的等离子体装置。

此外，等离子体以及 PAW 被广泛应用于促进种子发芽、促进植物生长等方面，研究人员发现，等离子体对种子的作用主要体现在对种皮的刻蚀，改善亲水性，进而促进生长，但对种子的存活或发芽率影响不大。已有研究表明，离子风对豆科作物紫花苜蓿种皮穿透深度在微米量级，不能影响种胚，不会对植物产生诱变效应。对于豆科植物沙打旺种子来说，其表皮有一种致密蜡质层，放电等离子体几乎无法穿透其种皮，达到胚部。但 PAW 可以突破种皮屏障，PAW 中的 RONS 以水为载体，处理种子时更易到达种子胚部。已有研究证明，短时间处理的 PAW 对番茄幼苗生长有促进作用，但是长时间处理的 PAW 又会抑制幼苗生长，因此，用 PAW 处理沙打旺种子，可能为植物诱变育种开辟新领域。

RNA-Seq 数据的 denovo 组装是目前获取非模式生物转录序列最有效的方法，在动植物领域都有广泛应用。在植物基因测序分析领域，有些学者对甘草、人参进行转录组分析；对不同品种棉花种子、不同品种棉铃虫菌株表达差异进行比较；还有些学者分析了蓝碱蓬的盐响应转录组基因表达，鉴定耐盐基因，分析了干旱胁迫对 *Atractylodes lancea*（Thunb.）DC 基因的影响；这些研究大多都是为了了解自然生长的植物基因表达情况，对同种植物不同品种的基因进行比较，或者分析植物对高温、高盐、干旱的响应。

3.2 介质阻挡放电等离子体诊断

3.2.1 介质阻挡放电装置

将介质阻挡放电结构和传统的针阵列-板电晕放电结构相结合，使用针阵列-板介质阻挡放电装置，高压针电极为多针阵列，接地铝板电极用 4mm 厚有机玻璃介质板覆盖，覆盖介质板后不容易击穿，电压可调范围更大，等离子体浓度增加，作用效果更明显。介质阻挡放电装置如图 3-1 所示。实验装置电源为交流电，频率为 50Hz，电压 0～50kV 连续可调。高压电源为变压器，高压电极由长 2cm、直径 1.56mm±0.02mm、横纵间距均为 4cm 的针阵列组成，接地端为平面铝板，其上覆盖厚度为 4mm 的有机玻璃板。使用封闭箱将整个电极系统封闭，制造相对封闭的实验环境，在等离子体放电过程中，既有空气进入，又能有效降低放电等离子体向外界扩散速度，使其与被处理样品充分作用。

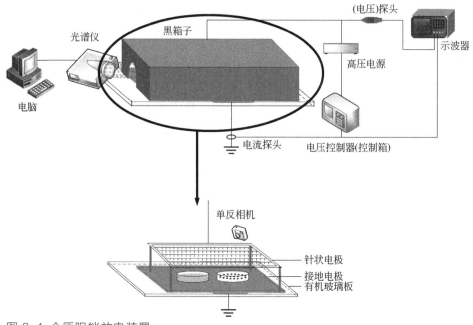

图 3-1 介质阻挡放电装置

3.2.2 等离子体放电现象

使用单反相机（Nikon D7000）拍摄不同条件下放电现象，在黑暗环境下，针阵列-板介质阻挡放电可以产生明显的紫色光芒，如图 3-2 所示（见文后彩插）。

图 3-2（a）是针-介质板间距为 4cm 时，改变电压观察到的等离子体放电图。在图中，电压为 25kV 时等离子体放电现象最明显，电压为 20kV 时等离子体放电现象较为明显，而电压为 15kV 时等离子体放电现象最弱，只能看到微弱的光。

图 3-2（b）是电压为 20kV 时，改变针-介质板间距观察到的等离子体放电图。针-介质板间距为 3cm 时等离子体放电现象最明显，针-介质板间距为 4cm 时等离子体放电现象较为明显，而针-介质板间距为 5cm 时等离子体放电现象最弱。

随着电压的升高，针-介质板距离的减小，等离子体放电增强。

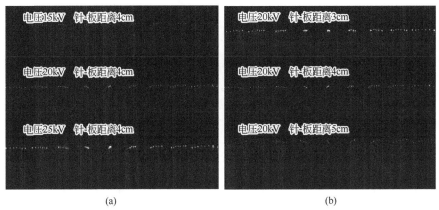

(a)　　　　　　　　　　　　　　(b)

图 3-2　等离子体放电图像

（a）针-介质板距离 4cm，电压 15kV、20kV、25kV 时等离子体放电图；（b）电压 20kV，针-介质板距离 3cm、4cm、5cm 时等离子体放电图

3.2.3　离子风变化

图 3-3（a）为不同电压下针-板介质阻挡放电处理的离子风风速测量结果，离子风风速随电压升高呈线性增长。图 3-3（b）为不同针-介质板间距下离子风风速测量结果，随着针-介质板距的增加，离子风风速减小。

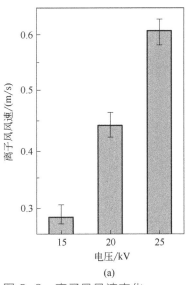
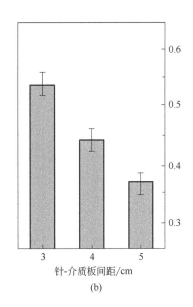

(a)　　　　　　　　　　　　　　(b)

图 3-3　离子风风速变化

（a）针-介质板距离 4cm，电压 15kV、20kV、25kV 时离子风风速；（b）电压 20kV，针-介质板距离 3cm、4cm、5cm 时离子风风速

3.2.4 等离子体发射光谱诊断

使用光谱仪（Kymera328i）连接计算机，分析不同电压以及不同针-介质板距离下的等离子体发射光谱图（图 3-4，见文后彩插）。对针阵列-板介质阻

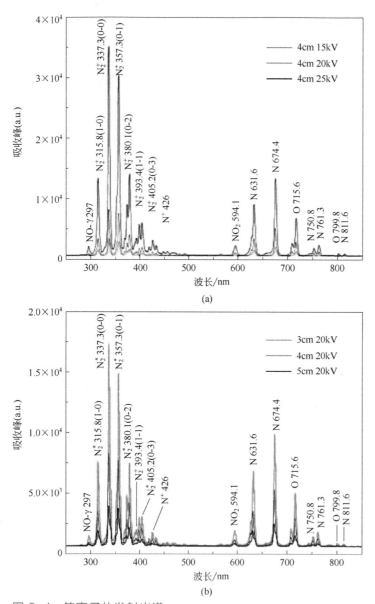

图 3-4 等离子体发射光谱

（a）相同针-介质板距离、不同电压；（b）相同电压、不同针-介质板距离

挡放电产生的等离子体中的粒子种类及浓度变化进行诊断（光谱仪焦距328mm、带通268nm、分辨率0.44～0.31nm连续可调、探测器类型DH334T-16F-E3）。

图3-5（a）（见文后彩插）中O、NO$_2$、N$_2^*$、N$^+$、N$_2^+$、NO-γ等粒子发射

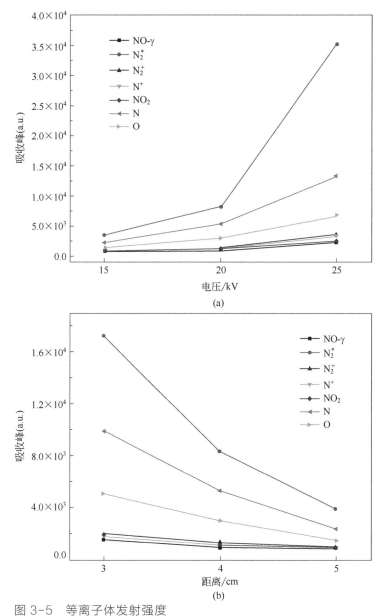

图 3-5 等离子体发射强度

（a）针-介质板距离4cm，电压15kV、20kV、25kV时等离子体发射强度；（b）电压20kV，针-介质板距离3cm、4cm、5cm时等离子体发射强度

谱线的光谱强度随着电压的升高而增加，图 3-5（b）中这些粒子谱线的光谱强度随着针-介质板距离的增加而减小。这和图 3-3 中观察到的现象相呼应，从而证明了等离子体浓度的改变。

3.3 等离子体活化水

3.3.1 实验条件

去离子水（UPR-I-60L 优普纯水制造系统）放在空气中静置 12h，使去离子水内溶解气体的浓度与空气平衡，确保实验时溶解气体的浓度恒定。用量筒量取 50mL 去离子水，放入内直径 14cm 的聚丙烯培养皿中，用精度为 0.0001g 的电子天平精确称量去离子水的质量。

首先分析针-介质板距离不变，改变电压时，活化水各指标随时间的变化：确定电极针尖到介质板距离为 4cm，50mL 去离子水放入内直径 14cm 的培养皿中，由于培养皿直径较大，液位深度仅 0.325cm，此时针尖到水面距离为 3.675cm。采用 15kV、20kV、25kV 电压，每个电压梯度下放置 6 个平行的装有去离子水的培养皿，每隔 10min 取出一个培养皿进行测量，每组实验重复 3 次。

再分析电压不变，改变针尖到介质板距离时，活化水各指标随时间的变化：确定电压 20kV，采用电极针尖到介质板距离为 3cm、4cm、5cm 对去离子水进行处理，液位深度 0.325cm，此时针尖到水面距离分别为 2.675cm、3.675cm、4.675cm。每个电压梯度下放置 6 个平行的装有去离子水的培养皿，每隔 10min 取出一个培养皿进行测量，每组实验重复 3 次。

3.3.2 蒸发速率

在针阵列-板介质阻挡放电活化水过程中，除了离子风中 RONS 溶入水中，使水活化之外，RONS 在空间上的流动也起到了重要的作用：首先，离子风速的增大可以提高水蒸发速率，进而增加 PAW 中 RONS 浓度，这可以提高 PAW 活化效率；第二，处理过程中离子风和水产生碰撞作用，在水面形成波纹，促进水的蒸发。由于水的波动，大量 RONS 溶入水中和水发生反应，相比其他装置产生的放电等离子体扩散渗透使水活化，活化效果更加明显。

在同一实验条件下处理的 6 个培养皿等离子体活化水中，每隔 10min 取出一个培养皿，将处理后的活化水用精度为 0.0001g 的电子天平进行精确称量并标记，根据如下公式，计算不同条件处理水的蒸发速率。

$$V = \frac{m' - m}{St} \tag{3-1}$$

式中，V 为蒸发速率；m' 为处理后活化水的质量；m 为未处理时去离子水的质量；S 为培养皿横截面积；t 为处理时间。

相同条件下，电压越高、针-介质板距离越低，离子风风速越大。由于离子风及高压电场作用，电压越高，水蒸发速率越快，针-介质板间距越小，水蒸发速率越快，如图 3-6 所示。

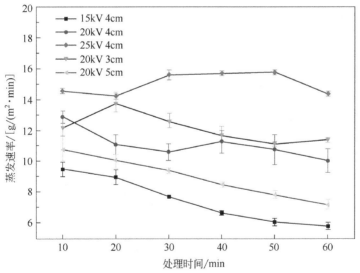

图 3-6 针-介质板距 4cm，电压 15kV、20kV、25kV 时蒸发速率及电压 20kV、针-介质板间距 3cm、5cm 时蒸发速率

3.3.3 PAW 的 pH、电导率

实验用去离子水初始 pH 为 6.54，电导率为 2.93μS/cm。称重后的活化水

取出一部分用 pH 计（PHS-2F）测量其 pH，精度为 0.01。再取出一部分等离子体活化水，用电导率仪（DDS-307A）测量其电导率，精度为 0.1。针阵列-板介质阻挡放电处理后，PAW 的 pH 随着处理时间的增加而减小，最小可达到 3 以下。处理 10～30min 时 pH 下降较为剧烈，30min 以后 pH 值下降缓慢，趋近于平稳。同时针-介质板间距为 4cm 时，改变电压，电压越大，PAW 的 pH 越低；当电压为 20kV 不变时，针尖越靠近水面，PAW 的 pH 越低，如图 3-7 所示。

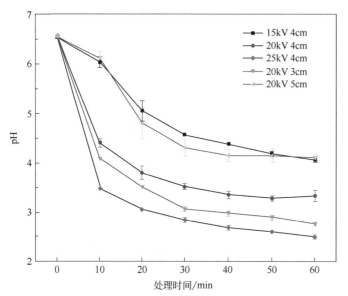

图 3-7　针-介质板距 4cm，电压 15kV、20kV、25kV 时的 pH 及针-介质板距 3cm、5cm，电压 20kV 时的 pH

处理后 PAW 的电导率急剧增加，尤其是升高电压，电导率变化明显。针-介质板距为 4cm，电压为 25kV 时，电导率变化呈线性增加趋势，最高可达到 1400μS/cm 左右。当电压为 20kV 不变时，针-介质板距离越低，PAW 的电导率变化越大，如图 3-8 所示。

3.3.4　PAW 紫外/可见光谱

水处理后半小时内，使用微紫外/可见分光光度计（NanoDropOne^c）绘制 PAW 紫外/可见光谱图（图 3-9，见文后彩插）。其中将待测液体注入石英比色皿中进行测试，光程长度 10mm，可以测量 190nm 至 850nm 的波长范围。通过针-介质板间距 4cm、电压 15kV［图 3-9（a）］和针-介质板间距 5cm、电压 20kV［图 3-9（e）］可以发现，这两幅图所绘的紫外/可见光谱和 Oh 等人以及 Liu 等人研究所得的紫外/可见光谱轮廓和峰位基本相同。而针-介质板间距 4cm 和 3cm，电压 20kV［图 3-9（b）、（d）］这两幅图中，处理 10min 时，紫外/可见光谱与前人研究相同，处理 20min 以后，紫外/可见光谱出现了新的峰，此时随着处理时间的增加，波长 190nm 到 210nm 处光谱曲线没有明显变化，接近重合；但是波长大于 210nm 处出现的新峰，随着处理时间的增加发生红移和增色现象。图 3-9（c）中针-介质板间距 4cm、电压 25kV，随着处理时间的增加，红移和增色现象明显。换言之，放电等离子体浓度大、处理时间长，PAW 发生了化学反应，可能产生新物质。出现新峰后，随着处理时间的增加，波长 190nm 到 210nm 处紫外光谱曲线没有明显变化，接近重合；但是波长大于 210nm 处出现的新峰随着处理时间的增加发生红移和增色现象。红移现象的产生是由于共轭效应以及 pH 对紫外光谱的影响，共轭效应引起分子性质改变。

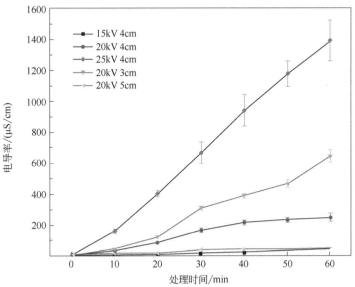

图 3-8　针-介质板距 4cm，电压 15kV、20kV、25kV 时的电导率及针-介质板距 3cm、5cm，电压 20kV 时的电导率

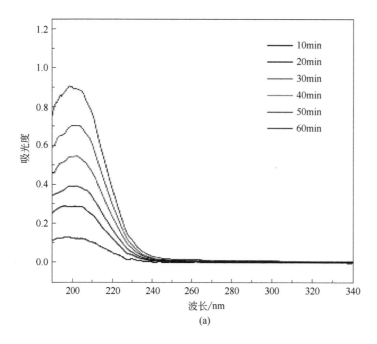

(a)

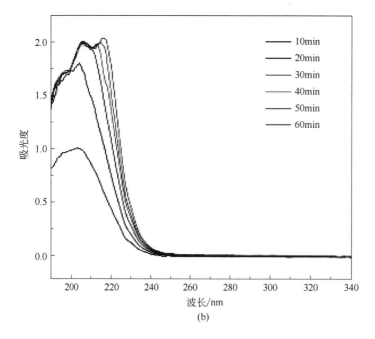

(b)

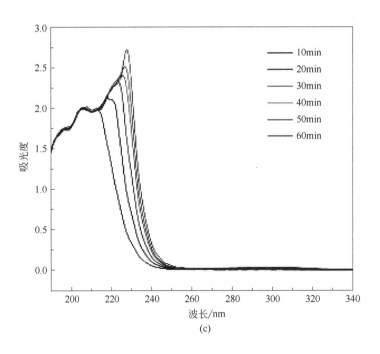

(c)

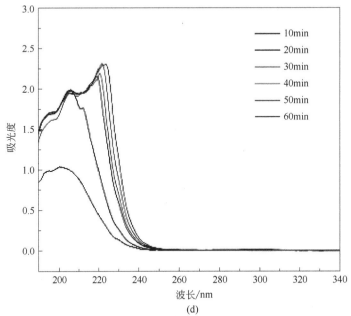

(d)

图 3-9

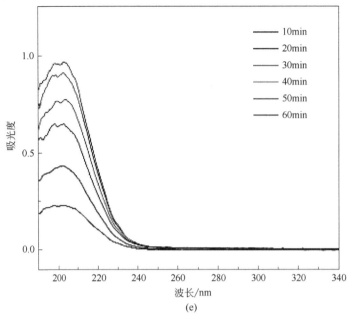

(e)

图 3-9　PAW 紫外/可见光谱图

（a）~（c）针-介质板距 4cm 时紫外/可见光谱；（a）电压 15kV，（b）电压 20kV，（c）电压 25kV；
（d）（e）电压 20kV 时紫外/可见光谱：（d）针-介质板距 3cm；（e）针-介质板距 5cm

3.3.5　PAW 总吸光度

RONS 浓度可以通过比尔-朗伯定律从光谱中确定：

$$Abs_\lambda = \varepsilon l c \qquad (3-2)$$

式中，ε 为化学物质在特定波长 λ 下的摩尔吸收率；l 为光程长度，l=10mm；c 为 RONS 浓度。

PAW 中总 RONS 和氧浓度可以通过对紫外/可见光谱波长 190nm 到 340nm 处的吸光度面积积分得到，可以根据下式计算：

$$总吸光度 \approx \int_{190}^{340} Abs(\lambda)\mathrm{d}\lambda \qquad (3-3)$$

图 3-10 为不同条件处理得到 PAW 的总吸光度变化图。随着处理时间的增加，PAW 的总吸光度增大，并且针-介质板距离不变时，电压越大总吸光度越大；电压不变时，针-介质板间距越小总吸光度越大。总吸光度增加，表明 PAW 中成分浓度在增加。

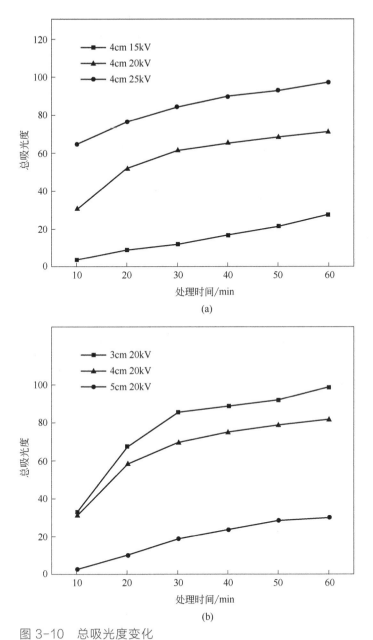

图 3-10　总吸光度变化

（a）针-介质板间距 4cm，电压 15kV、20kV、25kV 时总吸光度；（b）针-介质板间距 3cm、4cm、5cm，电压 20kV 时总吸光度

3.3.6　PAW 中长寿命粒子检测

　　针阵列-板介质阻挡放电产生大量等离子体,等离子体通过扩散和离子风与水之间相互作用,作用到水中使水活化,经过活化的水含有 H_2O_2、NO_2^-、NO_3^- 等粒子,主要化学反应途径如图 3-11 所示。使用微型紫外/可见分光光度计(NanoDrop One^c)和含量检测试剂盒测量长寿命活性物质浓度。应用 H_2O_2 含量检测试剂盒(BC3590 Solarbio)检测 H_2O_2 浓度(H_2O_2 与硫酸钛反应生成黄色过氧化钛化合物,在 415nm 处观察到特征吸收峰),应用水土中亚硝酸盐含量检测试剂盒(BC1480 Solarbio)检测 PAW 中 NO_2^- 浓度(在酸性条件下,NO_2^- 与 3-氨基苯磺酸反应生成重氮化合物,然后与 N-1-萘乙二胺盐酸盐反应生成紫色偶氮化合物。在 540nm 处观察到特征吸收峰),应用水中硝酸根离子测定试剂盒(G0426F,Grace Biotechnolgy Co., Ltd.)检测 PAW 中 NO_3^- 浓度(NO_2^- 的干扰已加入氨基磺酸分解除去)。

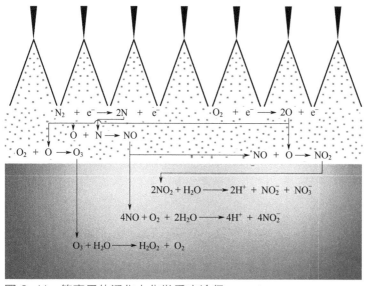

图 3-11　等离子体活化水化学反应途径

3.3.6.1　H_2O_2 浓度

　　图 3-12 所示为 H_2O_2 浓度随处理时间的变化。随着处理时间的增加,PAW中的 H_2O_2 的浓度增大,并且针-介质板距离不变时,电压越大,H_2O_2 的浓度

越大；电压不变时，针-介质板距离越小，H_2O_2的浓度越大，最高可以超过5mg/L。

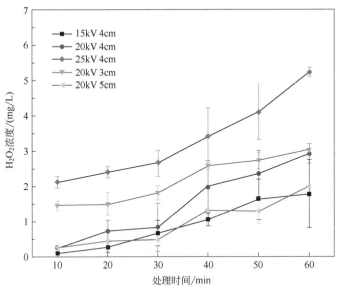

图 3-12　针-介质板距离 4cm，电压 15kV、20kV、25kV 时 H_2O_2 浓度及针-介质板距离 3cm、5cm，电压 20kV 时 H_2O_2 浓度

3.3.6.2　NO_2^-浓度

针-介质板距离 4cm、电压 15kV 和针-介质板距离 5cm、电压 20kV 活化水时，NO_2^- 浓度随着处理时间延长而增加；针-介质板距离 4cm、3cm、电压 20kV 时，随着处理时间增加，NO_2^- 浓度先增加，后降低；针-介质板距离 4cm，电压 25kV 活化 10min 时，NO_2^- 浓度达到 1.22mg/L，并且随时间增加一直降低，最低达 0.29mg/L，如图 3-13 所示。

3.3.6.3　NO_3^-浓度

图 3-14 中 NO_3^- 浓度显示出和 H_2O_2 浓度相同的变化规律。随着处理时间的增加，PAW 中的 NO_3^- 浓度增大，并且针-介质板距离不变时，电压越大，NO_3^- 的浓度越大。电压 25kV、处理时间 60min 时，NO_3^- 浓度最大，达到 40mg/L 以上。电压不变时，针-介质板距离越小，NO_3^- 的浓度越大，针-介质板距离 3cm 时，NO_3^- 浓度达到 30mg/L 左右。

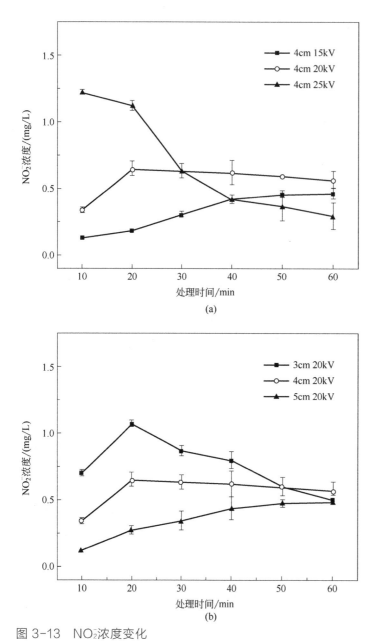

图 3-13 NO$_2^-$浓度变化

（a）针-介质板距离 4cm，电压 15kV、20kV、25kV 时 NO$_2^-$浓度；（b）针-介质板距离 3cm、4cm、5cm，电压 20kV 时 NO$_2^-$浓度

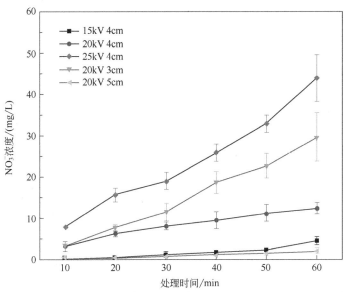

图 3-14　针-介质板距离 4cm，电压 15kV、20kV、25kV 时 NO₃浓度及针-介质板距 3cm、5cm，电压 20kV 时 NO₃浓度

3.4　等离子体及其活化水对沙打旺基因表达的影响

3.4.1　沙打旺简介

沙打旺（*Astragalus adsurgens* Pall.）为豆科（Leguminosae）黄芪属多年生草本植物。主要生长于我国东北、华北、西北、西南地区，生于向阳山坡灌丛及林缘地带。沙打旺适应性较强；根系发达，发达的根系延伸入土壤深层，能吸收土壤深层水分；并且沙打旺抗盐、抗旱能力强。沙打旺生长迅速，在风沙地区，特别是在黄河故道上种植，一年后即可成苗，并超过杂草，在防风固沙方面也有很大的作用，在退化生态系统的恢复中具有重要作用。沙打旺适于沙壤土上生长，适合生长于 pH=6.0~8.0 的环境，发芽的适宜温度为 20.5~24.5℃。沙打旺种子可以入药，植株还广泛应用于畜牧业，沙打旺的嫩茎叶可以打浆喂猪，且可以在沙打旺草地上放牧绵羊、山羊；收割沙打旺做青贮，可以冬季饲养家畜，人们发现凡是用沙打旺饲养的家畜，相比普

通饲料饲养的家畜膘肥、体壮，并且未发现有异常现象。所以提高沙打旺产量和品质，对畜牧业发展以及生态环境建设都具有重要意义。

3.4.2 实验条件

采用图 3-1 所示的介质阻挡放电装置，电源为交流电，频率为 50Hz，处理时间分别为 1h、2h 和 3h，对去离子水以及沙打旺种子进行处理。分别用试剂盒检测处理 1～3h 的 H_2O_2、NO_2^-、NO_3^- 粒子浓度，如图 3-15 所示，从图中可以发现，H_2O_2、NO_3^- 浓度随处理时间的增加而增大，处理时间为 3h 时 H_2O_2 浓度超过 15mg/L，NO_3^- 浓度超过 300mg/L，而 NO_2^- 浓度随处理时间的增加略有降低。

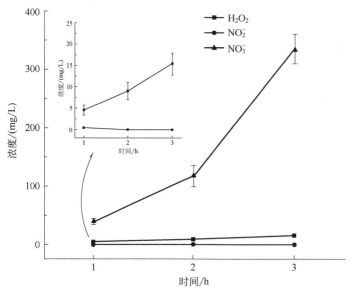

图 3-15　长寿命粒子 H_2O_2、NO_2^-、NO_3^-浓度

分析等离子体单独作用、活化水单独作用以及等离子体与活化水协同作用对沙打旺种子的影响。处理分组见表 3-1。

表 3-1　处理分组情况

组别	种子处理方法	种子培养方法	处理时间
对照组	未经处理	水	—

组别	种子处理方法	种子培养方法	处理时间
等离子体	放电等离子体处理	水	1h
			2h
			3h
活化水	未经处理	活化水	1h
			2h
			3h
等离子体+活化水	放电等离子体处理	活化水	1h
			2h
			3h

将不同条件处理后的种子放在含有 3 层滤纸的培养皿中，每隔一天向对照组和等离子体（Plasma）组培养皿中加入去离子水，向活化水（PAW）和等离子体+活化水（Plamsa+PAW）组中加入同等条件下制备的活化水，以保持水分充足，每组重复 3 次。

将种子置于光照培养箱中 24℃ 恒温培养，种子出芽后，给光照培养箱加 100lx 光照条件，连续光照 14h，黑暗 10h 进行培养。

3.4.3 沙打旺种子存活率

种子接种 6 天后统计存活率。种子萌发特性计算公式如下：

$$S = \frac{n_6}{N} \times 100\% \tag{3-4}$$

式中，S 为存活率；N 为种子总数；n_6 为第 6 天发芽数。

经不同条件培养后，沙打旺种子的存活率如图 3-16 所示。由图可以看出，活化水和等离子体+活化水组的沙打旺种子存活率与对照组相比均有显著差异，对照组存活率为 43.3%，处理时间为 1~3h 的活化水培养种子，存活率分别为 22%、16%、6%，1~3h 等离子体+活化水组存活率分别为 21.3%、15.3%、4%，活化水和等离子体+活化水组均达到半致死剂量，等离子体+活化水组存活率更低。并且随着处理时间的增加，致死作用更加明显，说明等离子体处理对沙打旺萌发没有显著影响，存活率下降主要是由于活化水作用引起的。经放电等离子体处理后协同活化水作用，活化水中高浓度的活性氮氧物质达到种子胚部，对种子产生严重的氧化应激损伤，达到高致死率。处理 3h 的等离子体+活化水组存活率仅为对照组的 9.2%，这些存活的种子自身调节能力较高，发生基因突变，具有调控作用的基因大量表达。

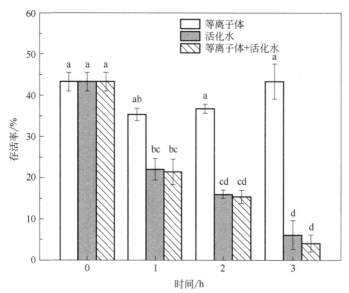

图 3-16　经不同条件培养后，沙打旺种子的存活率

[不同字母表示不同处理间差异有统计学意义（$P < 0.05$）]

3.4.4　沙打旺 ROS 含量变化

由于处理时间为 3h 时致死效果明显，选取处理 3h 的等离子体、活化水、等离子体+活化水组幼苗进行 ROS 测量。如图 3-17 所示，接种 3 天后，处理组 ROS 含量均显著高于对照组，等离子体+活化水组及活化水组 ROS 含量较对照组增加最明显，并且各组之间均有显著性差异。接种后第 6 天，各组 ROS 含量均显著低于第 3 天，各组之间无显著差异。

研究表明，ROS 在细胞增殖、分化和凋亡中发挥着重要作用，并且拥有信号分子的功能，ROS 是电磁因果链原初作用中连接物理和生物解释的一个重要标志。等离子体和活化水协同作用后，植物受到外界的刺激，在短时间内植物体内积累大量的 ROS，从而打破 ROS 及其清除系统即保护酶系统的平衡，造成严重的氧化应激损伤，使幼苗存活率降低，这一刺激导致具有合成超氧化物歧化酶、清除超氧自由基功能的基因表达明显上调，ROS 被清除，幼苗接种 6 天后各组的 ROS 浓度基本平衡。沙打旺存活率和 ROS 浓度数据表明，ROS 浓度过高抑制种子萌发。

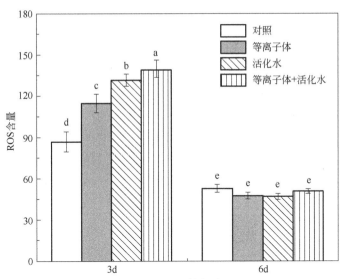

图 3-17　处理 3h 沙打旺幼苗活性氧含量

[不同字母表示不同处理间差异有统计学意义（$P < 0.05$）]

3.4.5　RNA-Seq 分析

3.4.5.1　差异基因分析

对三种不同条件下，处理时间为 3h，培养 7 天的沙打旺幼苗和对照组进行 RNA-Seq 分析，组装共得到 154689 条基因，GC 含量均大于 39%，组装完整性较高。

对组装得到的基因进行七大功能数据库注释，其中共有 79027 个基因被注释到 KEGG 数据库中；所有比对上 NR 数据库的基因结果注释到 GO 数据库，被注释到三个分支的基因数占比分别为：生物过程 38.79%，分子功能 32.29%，细胞成分 28.93%。

各组之间都有部分基因表现出了显著性差异（见图 3-18），其中对照组-vs-等离子体和活化水-vs-等离子体+活化水差异基因数量最小，对照组-vs-活化水和等离子体-vs-活化水差异基因数量较小，对照组-vs-等离子体+活化水和等离子体- vs-等离子体+活化水差异基因数量较大，并且相比于对照组，等离子体+活化水和活化水上调基因数大于下调基因数，等离子体下调基因数大于上调基因数，等离子体+活化水基因上调最明显，各组下调基因数量无明显差异。

针对对照组-vs-等离子体+活化水、对照组-vs-活化水和对照组-vs-等离子体三组之间基因差异表达情况绘制样本差异火山图，发现三组基因差异倍数集中分布在±5两侧，对照组-vs-等离子体+活化水和对照组-vs-活化水组上调基因差异倍数大于5的基因数明显多于下调基因差异倍数小于-5的基因数，对照组-vs-等离子体组上调基因差异倍数大于5的基因数小于下调基因差异倍数小于-5的基因数，证明与对照组相比，等离子体+活化水组表达上调明显，等离子体组表达下调（图3-19、图3-20、图3-21，见文后彩插），且三组下调基因差异不大，对照组-vs-活化水差异基因表达上调情况介于对照组-vs-等离子体+活化水和对照组-vs-等离子体之间，与对照组-vs-等离子体+活化水类似。

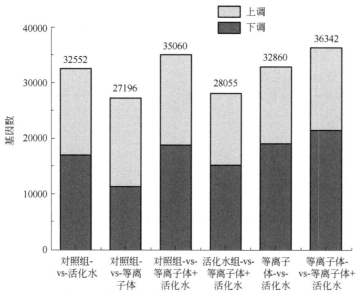

图3-18 差异基因数量统计

3.4.5.2 差异基因功能注释

本小节针对对照组-vs-等离子体+活化水、对照组-vs-活化水和对照组-vs-等离子体进行差异基因分析。相比对照组，等离子体+活化水共有 18881 个基因表达上调，共有 16179 个基因表达下调，活化水共有 17013 个基因表达上调，共有 15539 个基因表达下调，等离子体组共有 11377 个基因表达上调，共有 15819 个基因表达下调。筛选出对照组-vs-等离子体+活化水、对照组-vs-活化水和对照组-vs-等离子体中表达上调和表达下调的差异倍数绝对值大于5的基因，对照组-vs-等离子体+活化水表达上调 11955 条，表达下调 4223 条，对照组-vs-活化水表达上调 9364 条，表达下调 3969 条，对照组-vs-等离子体表达上调 3692 条，表达下调 4622 条。对这些基因进行 KEGG Pathway 分析和 GO 分析，得到结果，如表 3-2、表 3-3 所示。

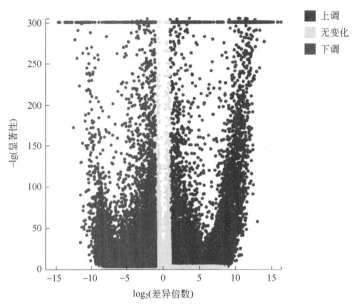

图 3-19　对照组-vs-等离子体+活化水样本差异火山图

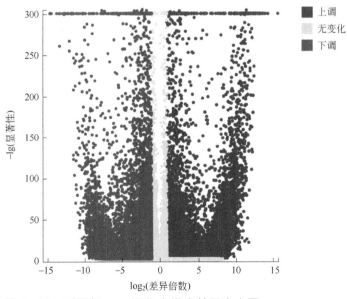

图 3-20　对照组-vs-活化水样本差异火山图

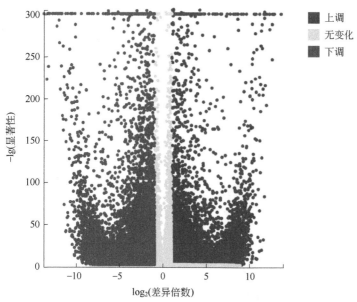

图 3-21　对照组-vs-等离子体样本差异火山图

图例：上调　无变化　下调

从表 3-2 可以看出：对照组-vs-等离子体+活化水组中，环境适应中注释的差异基因表现出下调趋势，可能处理后沙打旺对环境适应能力有所下降，其他基因均表现出上调趋势，其中标记在转录和翻译中的上调基因数分别为下调基因数的 2.59 倍和 4.25 倍，转录和翻译过程被促进；脂质代谢、氨基酸代谢、辅助因子和维生素代谢中上调基因数均超过下调基因数的 3 倍，幼苗代谢过程得到促进。对照组-vs-活化水组中所有组基因均表现出上调趋势，翻译、氨基酸代谢、核苷酸代谢上调基因数均超过下调基因数的 3 倍，翻译过程及代谢过程被促进。除核苷酸代谢上调数量较大、环境适应略有上调之外，其他注释组基因表现出和对照组-vs-等离体子+活化水同样的上调趋势。对照组-vs-等离子体组中，所有差异基因表达均表现出下调趋势，膜运输、其他次生代谢产物的生物合成中上调基因数/下调基因数分别为 0.50 和 0.49，说明在等离子体刺激下，膜运输功能下降，代谢产物合成受到抑制。

包含翻译，碳水化合物代谢，折叠、分类和降解、转录功能的基因在对照组-vs-等离子体+活化水和对照组-vs-活化水中基因上调数较大，尤其在对照组-vs-等离子体+活化水中上调最显著，具有这些功能的基因在对照组-vs-等离子体表现出下调趋势，说明经活化水培养后存活的幼苗，蛋白质合成及碳水化合物代谢被促进，等离子体单独处理对细胞造成的应激损伤不足以促进这些基因的表达。

表 3-2　差异基因 KEGG Pathway 功能分布统计表

水平	对照组-vs-等离子体+活化水			对照组-vs-活化水			对照组-vs-等离子体		
	上调	下调	上调/下调	上调	下调	上调/下调	上调	下调	上调/下调
运输和分解代谢	402	143	2.8	341	147	2.32	123	166	0.74
信号转导	228	152	1.5	214	124	1.73	143	179	0.80
膜运输	48	23	2.09	43	23	1.87	17	34	0.50
转录	503	194	2.59	403	155	2.60	115	169	0.68
翻译	936	220	4.25	709	202	3.51	192	225	0.85
复制和修复	98	93	1.05	90	73	1.23	84	94	0.89
折叠、分类和降解	512	197	2.60	403	182	2.21	164	218	0.75
碳水化合物代谢	827	359	2.30	665	336	1.98	276	372	0.74
脂质代谢	387	114	3.39	325	129	2.52	78	136	0.57
氨基酸代谢	457	129	3.54	347	115	3.02	101	155	0.65
全局与概述图谱	2000	674	2.97	1586	639	2.48	566	816	0.69
辅助因子和维生素代谢	270	79	3.42	230	78	2.95	77	85	0.91
甘氨酸生物合成和代谢	108	52	2.08	99	50	1.98	49	77	0.64
核苷酸代谢	98	39	2.51	88	21	4.19	34	46	0.74
其他次生代谢物的生物合成	305	114	2.68	230	110	2.09	82	167	0.49
能量代谢	255	90	2.83	201	78	2.58	85	98	0.87
萜类化合物和聚酮的代谢	117	35	3.34	93	53	1.75	43	66	0.65
其他氨基酸的代谢	213	85	2.51	185	80	2.31	83	94	0.88
环境适应	110	134	0.82	120	114	1.05	85	141	0.60

从表 3-3 可以看出：对照组-vs-等离子体+活化水中，具有结构分子活性和分子功能调节剂功能的基因大幅度上调，上调基因数分别为下调基因数的 13.04 倍和 8.13 倍，翻译调节活性、催化活性、转运活性、转录调节活性中上调基因数均超过下调基因数的 2.90 倍，转录和翻译过程被促进；细胞过程、

代谢过程中上调基因数分别为下调基因数的 2.61 倍和 2.74 倍，细胞代谢被促进；小分子传感器活性基因表达上调，免疫系统过程、分子传感器活性功能的基因表现出下调趋势，免疫能力下降，但下调基因数量较少，对幼苗本身影响较小。对照组-vs-活化水中，具有解毒和小分子传感器活性功能的基因上调基因数分别为下调基因数的 6.00 倍和 13.00 倍，具有结构分子活性功能的基因上调基因数为下调基因数的 8.22 倍，活化水组存活幼苗解毒功能被激发，结构分子活性提升。具有翻译调节活性、转运活性、转录调节活性功能的基因表达上调数超过表达下调的 3 倍。具有多生物过程、免疫系统过程、蛋白质折叠伴侣、分子载体活性的基因表现出下调趋势，活化水组免疫能力也下降。对照组-vs-等离子体中，大部分基因表现出下调趋势，生物过程调节、生物调节、代谢过程以及转录翻译过程均被抑制，其中生物过程的负调控、发育过程、生长、节律过程、结构分子活性、分子载体活性中基因表现出上调趋势，对幼苗生长发育有一定的促进作用，节律作用被促进，分子载体活性降低。

与对照组相比，具有生物黏附、货物受体活性、毒素活性功能的基因在等离子体中没有差异表达，但是在等离子体+活化水和活化水中发生上调，且等离子体+活化水上调更明显。具有细胞过程，代谢过程，细胞解剖实体，细胞内，结合，催化活性功能的基因在等离子体+活化水和活化水中上调数量较大，在等离子体中表达下调，这一现象与 KEGG Pathway 功能注释结果类似，经活化水培养后存活的幼苗，细胞代谢被促进，等离子体单独处理对细胞造成的应激损伤不足以促进这些基因的表达，反而使基因表达下调。

表 3-3 差异基因 GO 功能分布统计

水平	对照组-vs-等离子体+活化水			对照组-vs-活化水			对照组-vs-等离子体		
	上调	下调	上调/下调	上调	下调	上调/下调	上调	下调	上调/下调
生物过程调节	624	317	2.00	536	260	2.06	247	311	0.79
生物调节	697	384	1.82	602	322	1.87	290	374	0.78
细胞过程	3556	1364	2.61	2828	1208	2.34	1127	1419	0.79
代谢过程	3136	1146	2.74	2455	1034	2.37	962	1234	0.78
生物过程的正向调节	87	42	2.07	78	34	2.29	39	43	0.91
定位	647	189	3.42	484	183	2.64	172	243	0.71

水平	对照组-vs-等离子体+活化水			对照组-vs-活化水			对照组-vs-等离子体		
	上调	下调	上调/下调	上调	下调	上调/下调	上调	下调	上调/下调
信号	233	121	1.93	203	90	2.26	66	125	0.53
对刺激的反应	531	297	1.79	453	236	1.92	204	303	0.67
生物过程的负调控	83	38	2.18	77	35	2.20	34	31	1.10
生物黏附	2			1					
生物种间相互作用	26	19	1.37	22	22	1.00	19	20	0.95
多细胞生物过程	53	46	1.15	66	52	1.27	50	65	0.77
发展过程	69	46	1.50	78	60	1.30	55	53	1.04
解毒	8	2	4.00	6	1	6.00	4	5	0.80
生殖	50	47	1.06	53	48	1.10	42	62	0.68
生殖过程	50	47	1.06	53	48	1.10	42	62	0.68
多生物过程	15	11	1.36	13	15	0.87	12	35	0.34
碳利用	3	3	1.00	6	2	3.00	1	2	0.50
生长	6	3	2.00	5	4	1.25	6	4	1.50
生物种内相互作用	3								
节律过程	8	1	8.00	7	6	1.17	5	2	2.50
氮利用	1			1			1		
免疫系统过程	6	9	0.67	8	9	0.89	4	7	0.57
移动	2			2	2	1.00		1	0.00
细胞解剖实体	4504	1544	2.92	3566	1431	2.49	1322	1846	0.72
细胞内	2457	948	2.59	1943	852	2.28	816	1047	0.78
含蛋白质复合物	912	317	2.88	722	258	2.80	269	309	0.87
结合	3835	1500	2.56	3057	1378	2.22	1275	1707	0.75
翻译调节活性	119	28	4.25	86	27	3.19	16	25	0.64
催化活性	4262	1432	2.98	3390	1361	2.49	1254	1793	0.70
转运活性	599	152	3.94	454	145	3.13	128	166	0.77
抗氧化活性	58	27	2.15	46	23	2.00	14	35	0.40
结构分子活性	300	23	13.04	189	23	8.22	44	24	1.83
分子功能调节剂	130	16	8.13	114	44	2.59	27	55	0.49
转录调节活性	198	50	3.96	169	45	3.76	55	69	0.80
分子传感器活性	41	52	0.79	33	16	2.06		20	0.00

水平	对照组-vs-等离子体+活化水			对照组-vs-活化水			对照组-vs-等离子体		
	上调	下调	上调/下调	上调	下调	上调/下调	上调	下调	上调/下调
小分子传感器活性	36			26	2	13.00	3	4	0.75
营养库活性	21	3	7.00	13	5	2.60	4	4	1.00
蛋白质折叠伴侣	1	1	1.00		5	0.00	2	5	0.40
蛋白质标签	6			5	2	2.50		1	0.00
分子载体活性	3	2	1.50	3	6	0.50	12	5	2.40
货物受体活性	4			2					
毒素活性	1			1					

3.4.5.3　富集分析

（1）KEGG Pathway 富集分析

对照组-vs-等离子体+活化水组中，相比对照组，等离子体+活化水组基因 KEGG Pathway 富集气泡图如图 3-22（a）、（b）所示，从图 3-22（a）中可以

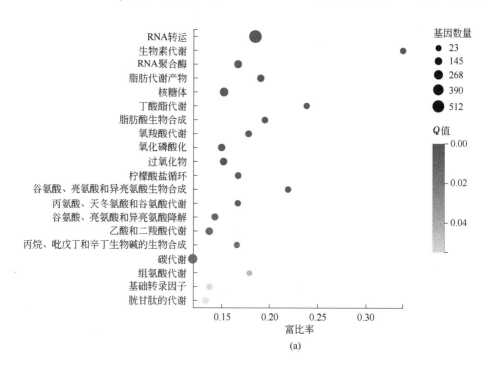

(a)

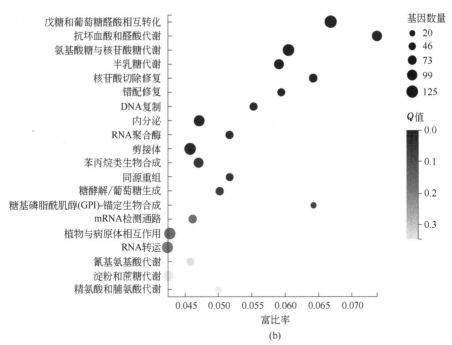

图 3-22 对照组-vs-等离子体+活化水组 KEGG Pathway 富集气泡图

（a）对照组-vs-等离子体+活化水表达上调基因 KEGG Pathway 富集气泡图；（b）对照组-vs-等离子体+活化水表达下调基因 KEGG Pathway 富集气泡图

看出，注释在 RNA 转运、RNA 聚合酶、核糖体、碳代谢的上调基因数分别为 512、191、234、293 个，对 RNA 翻译成蛋白质起到促进作用。生物素代谢、丁酸酯代谢富集度分别为 0.34、0.24，促进了细胞代谢。从图 3-22（b）中可以看出，注释在戊糖和葡萄糖醛酸相互转化、氨基糖和核苷酸糖代谢、剪接体、植物与病原体相互作用、RNA 转运的下调基因数分别为 125、111、117、115、117 个，减缓戊糖和葡萄糖醛酸相互转化，减缓氨基糖与核苷酸糖代谢。具有 RNA 转运功能的上调基因数远大于下调基因数，RNA 转运总体被促进。

对照组-vs-活化水组中，相比对照组，活化水基因 KEGG Pathway 富集气泡图如图 3-23 所示。从图 3-23（a）中可以看出，注释在 RNA 转运和 RNA 聚合酶的上调基因数分别为 408 和 140 个，对 RNA 转运和聚合起到促进作用。生物素代谢和丁酸酯代谢上调基因富集度较高。从图 3-23（b）中可以看出，注释在戊糖和葡萄糖醛酸相互转化、内分泌、氨基糖与核苷酸糖代谢的下调基因数分别为 112、111 和 109 个，和等离子体+活化水表现出相同的表达趋势。

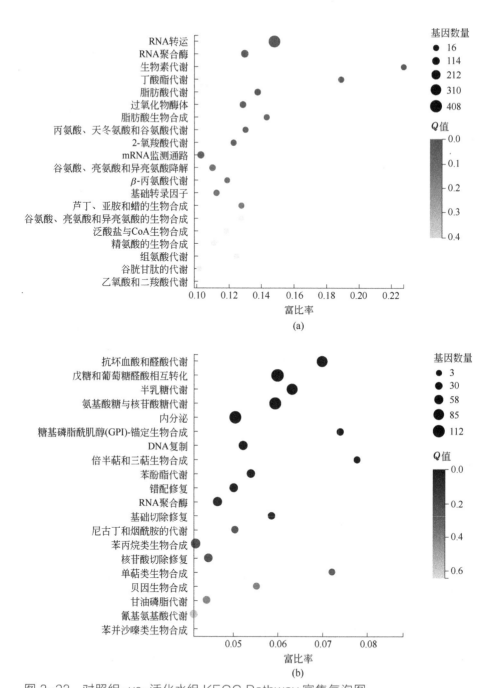

图 3-23　对照组-vs-活化水组 KEGG Pathway 富集气泡图

（a）对照组-vs-活化水表达上调基因 KEGG Pathway 富集气泡图；（b）对照组-vs-活化水表达下调基因 KEGG Pathway 富集气泡图

对照组-vs-等离子体组中上调基因富集度明显低于对照组-vs-等离子体+活化水和对照组-vs-活化水，相比对照组，等离子体基因 KEGG Pathway 富集气泡图如图 3-24 所示。从图 3-24（a）中可以看出，注释在戊糖和葡萄糖醛酸相互转化、内分泌、碳代谢的上调基因数分别为 79、84、93，对戊糖和葡萄糖醛酸的相互转化速率以及内分泌有促进作用，碳代谢得到促进。从图 3-24（b）中可以看出，注释在苯丙烷类生物合成、戊糖和葡萄糖醛酸相互转化、内分泌的下调基因数分别为 108、108、109，苯丙烷类生物合成减缓，植物体内次生物质代谢被抑制。

（2）GO 富集分析

对照组-vs-等离子体+活化水组中，相比对照组，等离子体+活化水基因 GO 富集气泡图如图 3-25 所示。表达上调的基因 GO 富集气泡图如图 3-25（a）所示，从图中可以看出，注释在核糖体的结构组成、翻译、核糖体、跨膜转运蛋白活性的上调基因数分别为 245、229、201、279 个，RNA 翻译成蛋白质起到促进作用，酶活性提高。表达下调的基因 GO 富集气泡图如图 3-25（b）所示，只有注释在核酸结合的基因较多，为 349 个，核酸结合被抑制。

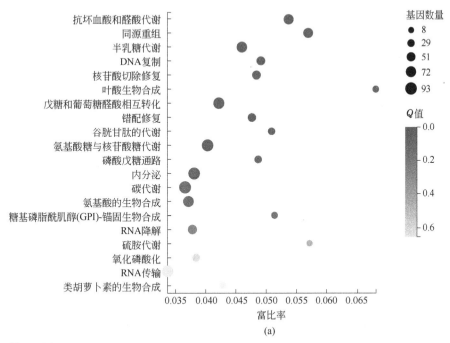

(a)

图 3-24

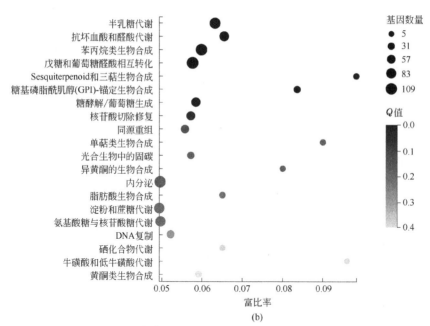

图 3-24　对照组-vs-等离子体组 KEGG Pathway 富集气泡图

（a）对照组-vs-等离子体表达上调基因 KEGG Pathway 富集气泡图；（b）对照组-vs-等离子体表达下调基因 KEGG Pathway 富集气泡图

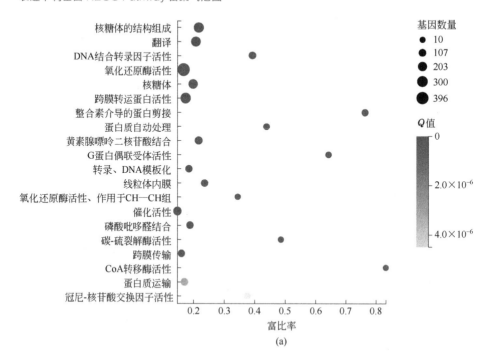

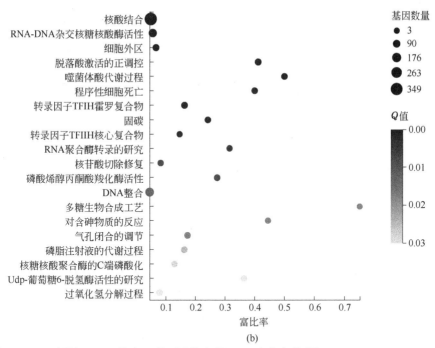

图 3-25　对照组-vs-等离子体+活化水组 GO 富集气泡图

（a）对照组-vs-等离子体+活化水表达上调基因 GO 富集气泡图；（b）对照组-vs-等离子体+活化水表达下调基因 GO 富集气泡图

对照组-vs-活化水组中，相比对照组，活化水基因 GO 富集气泡图如图 3-26 所示。表达上调的基因 GO 富集气泡图如图 3-26（a）所示，从图中可以看出，注释在膜的组成部分的上调基因数为 1863 个，促进膜的形成；注释在氧化还原酶活性的上调基因数为 304 个，氧化还原反应被促进。表达下调的基因 GO 富集气泡图如图 3-26（b）所示，注释在核酸结合和 DNA 整合的下调基因数分别为 308 个和 132 个，核酸结合和 DNA 整合被抑制，乙醇胺激酶活性和磷脂酸代谢过程富集度分别为 0.45 和 0.42，酶活性和代谢被抑制。

对照组-vs-等离子体组中，相比对照组，等离子体基因 GO 富集气泡图如图 3-27 所示。表达上调的基因 GO 富集气泡图如图 3-27（a）所示，从图中可以看出，注释在核酸结合的基因较多，为 280 个，核酸结合被促进。表达下调的基因 GO 富集气泡图如图 3-27（b）所示，注释在膜的基因数为 106 个，说明等离子体处理对沙打旺细胞膜有一定损伤。

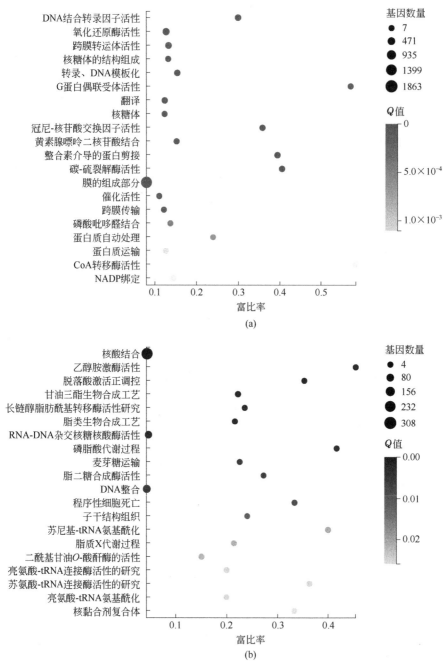

图 3-26 对照组-vs-活化水组 GO 富集气泡图

（a）对照组-vs-活化水表达上调基因 GO 富集气泡图；（b）对照组-vs-活化水表达下调基因 GO 富集气泡图

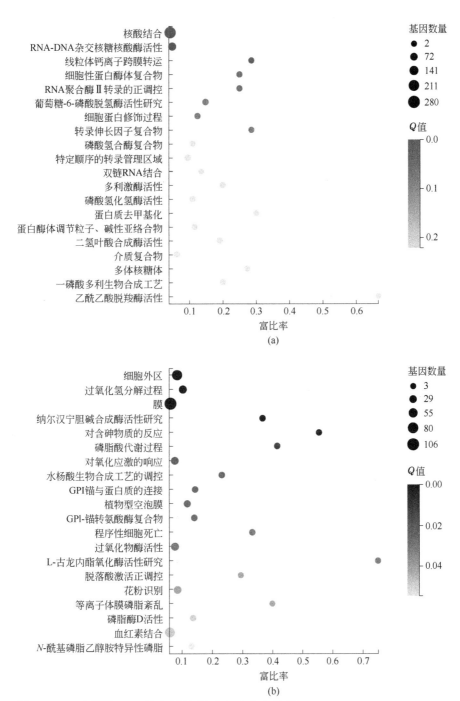

图 3-27　对照组-vs-等离子体组 GO 富集气泡图

（a）对照组-vs-等离子体表达上调基因 GO 富集气泡图；（b）对照组-vs-等离子体表达下调基因
GO 富集气泡图

3.4.5.4　差异基因分析

在差异基因中筛选出处理组表达上调差异倍数最大的基因，每组各 20 条（表 3-4）：编号 1～12 的基因在等离子体+活化水中表达上调最明显，编号 13～23 的基因在活化水中表达上调最明显，编号 24～42 的基因在等离子体中表达上调最明显，编号 43～50 的基因在等离子体+活化水和活化水中表达上调最明显，编号 51 的基因在等离子体和活化水中表达上调最明显，这些基因在对照组中均不表达。

表 3-4　处理后表达上调明显基因

序号	基因编码	转录本定量（FPKM）				log$_2$（差异倍数）		
		对照组	活化水	等离子体	等离子体+活化水	活化水/对照组	等离子体/对照组	等离子体+活化水/对照组
1	CL7943.Contig2_All	0	52.25	0	195.5	12.35		14.25
2	Unigene11104_All	0	35.22	0	848.58	11.78		16.37
3	Unigene11135_All	0	25.18	0	182.51	11.30		14.16
4	Unigene22110_All	0	52.6	0	294.78	12.36		14.85
5	Unigene26116_All	0	50.66	0	218.59	12.31		14.42
6	Unigene33714_All	0	19.94	0	156.56	10.96		13.93
7	Unigene44377_All	0	0	0	308.58			14.91
8	CL13012.Contig2_All	0	41.67	0	128.66	12.02		13.65
9	CL13724.Contig2_All	0	47.89	0	138.29	12.23		13.76
10	CL9148.Contig3_All	0	9.63	0	129.22	9.91		13.66
11	Unigene50952_All	0	0	0	124.37			13.60
12	Unigene3217_All	0	19.79	0	120.15	10.95		13.55
13	CL239.Contig16_All	0	64.83	4.6	26.03	12.66	8.85	11.35
14	CL375.Contig2_All	0	59.46	0	105.3	12.54		13.36
15	CL4743.Contig2_All	0.02	132.03	0.11	226.81	12.69	2.46	13.47
16	Unigene14790_All	0	127.39	0	65.53	13.64		12.68
17	Unigene14867_All	0	129.32	0	9.62	13.66		9.91
18	Unigene25916_All	0	75.73	0	58.01	12.89		12.50
19	Unigene3023_All	0	65.65	0	21.98	12.68		11.10

序号	基因编码	转录本定量（FPKM）				log₂（差异倍数）		
		对照组	活化水	等离子体	等离子体+活化水	活化水/对照组	等离子体/对照组	等离子体+活化水/对照组
20	Unigene3071_All	0	62.24	0.04	98.36	12.60	2.00	13.26
21	Unigene3227_All	0	68.5	0	29	12.74		11.50
22	Unigene36981_All	0	63.98	0	97.35	12.64		13.25
23	Unigene66580_All	0	525.61	0	0.5	15.68		5.64
24	CL10418.Contig4_All	0	6.54	38.13	0	9.35	11.90	
25	CL14324.Contig2_All	0	0	30.05	13.97		11.55	10.45
26	CL1623.Contig2_All	0	0.11	65.89	0	3.46	12.69	
27	CL2038.Contig6_All	0	0	37.44	0.32		11.87	5.00
28	CL2038.Contig8_All	0	32.79	33.87	0	11.68	11.73	
29	CL648.Contig1_All	0	8.24	31.69	14.9	9.69	11.63	10.54
30	CL648.Contig4_All	0	0	46.79	0		12.19	
31	CL7540.Contig2_All	0.02	7.66	66.05	27.65	8.58	11.69	10.43
32	CL7697.Contig3_All	0	0	31.64	37.51		11.63	11.87
33	CL7768.Contig2_All	0	10.25	59.15	12.7	10.00	12.53	10.31
34	CL9738.Contig4_All	0	15.9	69.8	10.21	10.63	12.77	10.00
35	Unigene34062_All	0	32.39	59.9	32.15	11.66	12.55	11.65
36	Unigene41063_All	0	6.33	32.51	11.82	9.31	11.67	10.21
37	Unigene59399_All	0	0	58.89	0		12.52	
38	Unigene70282_All	0	5.77	48.33	0.61	9.17	12.24	5.93
39	Unigene17627_All	0	4.07	26.6	0	8.67	11.38	
40	Unigene22225_All	0	2.57	28.36	0	8.01	11.47	
41	Unigene58539_All	0	35.74	28.38	30.26	11.80	11.47	11.56
42	Unigene60750_All	0	0	25.79	0		11.33	
43	CL11307.Contig1_All	0	95.15	0	246.89	13.22		14.59
44	CL13526.Contig2_All	0	100.9	0	164.86	13.30		14.01
45	Unigene14773_All	0	148.37	0	278.78	13.86		14.77
46	Unigene22610_All	0	102.33	0	193.39	13.32		14.24
47	Unigene30117_All	0	81.23	0	172.23	12.99		14.07

序号	基因编码	转录本定量（FPKM）				log₂（差异倍数）		
		对照组	活化水	等离子体	等离子体+活化水	活化水/对照组	等离子体/对照组	等离子体+活化水/对照组
48	Unigene33270_All	0	96.75	0	319.39	13.24		14.96
49	Unigene41264_All	0	122.55	0	625.47	13.58		15.93
50	Unigene14760_All	0	87.3	0	147.08	13.09		13.84
51	Unigene15409_All	0	159.82	63.94	46.12	13.96	12.64	12.17

1~6、8~10、12、14、15、20、22、43~50 号基因在等离子体中几乎不表达，在活化水中表达量高，在等离子体+活化水中表达量最高；其中 1、3、4、8、9、10、14、22、43 号基因参与膜的组成；10 号基因提高跨膜转运蛋白活性；4、8、22 号基因指导核孔复合蛋白的合成，促进跨膜运输过程。4、20、44、45 号基因促进氧化还原酶活性，加速氧化还原反应；6、9、46、47、48 号基因指导白细胞介素-1 受体相关激酶合成；6、8 号基因指导合成果胶酯酶，用于催化果胶的甲氧酯水解产生果胶酸；4、22 号基因可以指导类胡萝卜素生物合成；15 号基因促进翻译延伸因子活性；20 号基因促进肉桂醇脱氢酶合成，从而促进植物体木质素的合成过程，增强了对水分的运输，以及抵抗外界逆境的能力，说明经活化水和等离子体+活化水处理后存活的幼苗都有一定的抗逆性，等离子体+活化水组抗逆性更强；经活化水和等离子体+活化水协同处理的沙打旺种子，膜形成被促进，物质运输加快，氧化还原反应被促进，指导合成有利动物健康的类胡萝卜素基因过程被促进。2 号基因有合成羧亚甲基丁烯醇酸酶的功能，是植物种子发芽的促进剂，这一基因在等离子体+活化水组 FPKM 达到 848.58，表达量较高；3 号基因具有指导合成 HSP20 家族蛋白的功能，在高于正常生长温度刺激下，诱导合成的新蛋白，防止蛋白质变性，使其恢复原有的空间构象和生物活性，这一基因在等离子体+活化水表达明显；43 号基因有合成超氧化物歧化酶、清除超氧自由基的功能，这与 ROS 含量变化相呼应，等离子体+活化水和活化水作用引起 ROS 含量大幅度增加，植物体对 ROS 的刺激做出反应，43 号基因大量表达，引起 ROS 下降。

11 号基因有合成过氧化物酶的功能，指导核孔复合蛋白的合成，指导白细胞介素-1 受体相关激酶合成，只在等离子体+活化水中表达；7 号基因促进植物生长，只在等离子体+活化水中表达。再次说明等离子体+活化水组存活幼苗跨膜运输及幼苗生长被促进。

13、16～19、21号基因在等离子体中几乎不表达，在等离子体+活化水中表达量高，在活化水中表达量最高。其中 17、18 号基因指导合成核孔复合蛋白Nup62；19号基因指导白细胞介素-1受体相关激酶合成；16号基因促进碳水化合物代谢过程，增加多聚半乳糖醛酸酶活性，多聚半乳糖醛酸酶可分解果胶，是果胶酸酶类中的一种；21号基因促进几丁质酶的合成，几丁质酶在抗真菌病害中起着重要作用。说明活化水组幼苗糖代谢、抗病害基因达到了高表达。

23 号基因属于合成膜的组成部分，促进跨膜运输，只在活化水中达到高表达量。再次证明活化水组跨膜运输作用也被促进。51 号基因属于合成膜的组成部分，促进叶绿体生长，促进植物光合作用，在活化水表达最高，在其他两组上调差异倍数也超过 12，各处理组光合作用都被促进。

24～42 号基因在等离子体表达量较高，在等离子体+活化水和活化水表达较少或不表达：其中 33、38 号基因具有促进 DNA 结合的功能；39号基因促进细胞分裂过程，经等离子体处理的幼苗细胞分裂加快，促进幼苗生长；25、29、31、41、42 号基因属于合成膜的组成部分，三组处理组存活的幼苗跨膜运输过程都被促进；29、30、41、34 号基因促进叶绿体生长，34 号基因指导合成镁原卟啉 O-甲基转移酶，促进叶绿素合成，经等离子体处理的幼苗光合作用被促进；27，28 号基因指导合成锌转运蛋白，促进植物体中锌的吸收、胞外到胞内的转运以及细胞内锌的转移。24 号基因具有合成核仁素的功能，核仁素不但直接参与核糖体的生物合成与成熟，还直接或间接参与细胞增殖、生长、胚胎发生、胞质分裂、染色质复制与核仁的发生等过程。26 号基因指导合成磷酸核酮糖 3-差向异构酶，该酶在磷酸戊糖途径（又称磷酸己糖支路）中对核糖的生物合成、戊糖间相互转化，和使磷酸戊糖途径与糖酵解过程有机衔接上具有重要的生物化学意义，该基因还促进碳水化合物代谢过程。

在差异基因中筛选出处理组表达下调差异倍数最大的基因，每组各 20条（表 3-5）：编号 1～9 的基因在等离子体+活化水中表达下调最明显，编号 10～19 的基因在活化水中表达下调最明显，编号 20～31 的基因在等离子体中表达下调最明显，编号 32～39 的基因在等离子体+活化水和活化水中表达下调最明显，编号 34、36、37 的基因还在等离子体中表达下调最明显，编号 40、43 的基因在等离子体和活化水中表达下调最明显，编号 41、42、44 的基因在等离子体和等离子体+活化水中表达下调最明显，这些基因在对照组中均高表达。

1、2 号基因具有调控细胞壁合成及代谢的作用,指导合成木糖基转移酶,水解邻糖基化合物,参与木葡聚糖代谢过程,在等离子体+活化水中不表达,在活化水中表达下调,在等离子体中表达上调。等离子体组幼苗细胞壁生长及糖代谢作用被促进,活化水和等离子体+活化水组中被抑制。

13 号基因指导合成叶绿体类囊体膜,促进光合作用,在活化水中不表达,在等离子体+活化水中表达下调,在等离子体中表达上调。33 号基因促进对细菌的防御反应,对寒冷做出响应,促进叶绿体类囊体膜形成,促进光合作用,在活化水、等离子体+活化水中不表达,在等离子体中表达上调。等离子体组光合作用被促进,活化水、等离子体+活化水组光合作用被明显抑制。

在等离子体中不表达的基因:20 有促进呼吸作用的功能;21 具有促进光合作用、对光刺激做出反应等功能;23 具有合成氧化还原酶的功能;20、21、23 号基因在活化水、等离子体+活化水中表达明显上调。22 号基因可以指导合成黏蛋白,在活化水中表达下调,在等离子体+活化水中表达上调。28 号基因参与膜的组成,在等离子体+活化水中表达下调,在活化水中表达上调。

9 号基因指导 β-葡萄糖苷酶合成;34 号基因具有调控细胞壁合成、参与碳水化合物代谢过程及指导 β-半乳糖苷酶合成的作用;36 号基因具有合成过氧化物酶功能。这些基因在三组处理组中几乎都不表达。

其他基因在处理组中表达均下调:3 号基因具有调控细胞壁合成及参与碳水化合物代谢过程的作用,可以合成碱性内切几丁质酶 B,有助于植物体抗菌抗病毒;5、12、41 号基因参与膜的组成;10、11 号基因参与叶绿体合成,10 号基因还参与葡萄糖代谢过程;10、26 号基因具有合成氧化还原酶功能,促进超长链脂肪酸生物合成,参与种子甘油酯、生物膜膜脂及鞘脂的合成,并为角质层蜡质的生物合成提供前体物质;24 号基因指导合成大亚基核糖体蛋白 L1,30 号基因指导合成小亚单位核糖体蛋白 S25e,大亚基核糖体蛋白和小亚单位核糖体蛋白参与构成核糖体。29、31 号基因具有合成丝氨酸/苏氨酸激酶、天冬酰胺合酶,促进谷氨酰胺代谢的功能;35 号基因指导转酮酶合成;40 号基因可以指导合成脱氧核糖嘧啶光解酶,修复紫外线引起的DNA 损伤,在等离子体+活化水组表达下调不明显;42 号基因具有合成过氧化物酶功能;17 号基因具有指导蜡酯合成酶/二酰甘油 O-酰基转移酶,甘油酯、甘油三酯生物合成的作用,促进二酰甘油 O-酰基转移酶活性、长链醇 O-脂肪酰基转移酶活性,这一基因在等离子体和活化水组表达量明显降低,对等离子体+活化水组表达量降低影响较小。

表 3-5　处理后表达下调明显基因

序号	基因编码	转录本定量（FPKM）				log₂（差异倍数）		
		对照组	活化水	等离子体	等离子体+活化水	活化水/对照组	等离子体/对照组	等离子体+活化水/对照组
1	CL12089.Contig1_All	78.55	67.13	172.37	0	-0.23	1.13	-12.94
2	CL12089.Contig3_All	49.37	43.45	78.2	0	-0.18	0.66	-12.27
3	CL2231.Contig5_All	33.98	2.82	18.52	0	-3.59	-0.88	-11.73
4	CL2979.Contig12_All	56.74	18.73	30.14	0	-1.60	-0.91	-12.47
5	CL6757.Contig2_All	64.68	21.12	64.68	0	-1.61	0.00	-12.66
6	Unigene30368_All	31.84	7.82	14.17	0	-2.03	-1.17	-11.64
7	CL7546.Contig1_All	28.45	18.72	14.3	0	-0.60	-0.99	-11.47
8	CL8128.Contig1_All	26.64	92.75	35.87	0	1.80	0.43	-11.38
9	Unigene77477_All	27.73	0	0.5	0	-11.44	-5.79	-11.44
10	CL11676.Contig3_All	392.9	0.06	85.86	304.79	-12.68	-2.19	-0.37
11	CL13680.Contig2_All	40.28	0	37.07	35.75	-11.98	-0.12	-0.17
12	CL6101.Contig3_All	35.31	0	17.85	0.3	-11.79	-0.98	-6.88
13	CL648.Contig3_All	68.03	0	199.62	49.25	-12.73	1.55	-0.47
14	CL767.Contig3_All	57.14	0	8.45	34.72	-12.48	-2.76	-0.72
15	Unigene27250_All	233.82	0	34.25	86.93	-14.51	-2.77	-1.43
16	Unigene41310_All	74.68	0	19.76	23.23	-12.87	-1.92	-1.68
17	Unigene64693_All	32.55	0	9.19	29.26	-11.67	-1.82	-0.15
18	Unigene7787_All	30.86	0	1.04	3.07	-11.59	-4.89	-3.33
19	Unigene78293_All	101.23	0	75.65	98.75	-13.31	-0.42	-0.04
20	CL14536.Contig2_All	53.84	56.29	0	60.92	0.06	-12.39	0.18
21	CL15550.Contig1_All	122.99	381.56	0	426.56	1.63	-13.59	1.79
22	CL2001.Contig3_All	154.61	39.42	0	157.29	-1.97	-13.92	0.02
23	CL2326.Contig6_All	51.02	117.9	0	69.95	1.21	-12.32	0.46

序号	基因编码	转录本定量（FPKM）				log$_2$（差异倍数）		
		对照组	活化水	等离子体	等离子体+活化水	活化水/对照组	等离子体/对照组	等离子体+活化水/对照组
24	CL5180.Contig3_All	78.64	21.03	0	23.01	-1.90	-12.94	-1.77
25	CL7557.Contig9_All	48.33	26.15	0	45.56	-0.89	-12.24	-0.09
26	CL7857.Contig7_All	36.25	18.75	0	11.72	-0.95	-11.82	-1.63
27	CL7922.Contig3_All	115.41	58.4	0	57.12	-0.98	-13.49	-1.01
28	CL979.Contig3_All	43.26	65.65	0	7.33	0.60	-12.08	-2.56
29	Unigene19693_All	41.64	13.9	0	16.54	-1.58	-12.02	-1.33
30	Unigene21259_All	107.72	4.89	0	7.45	-4.46	-13.39	-3.85
31	Unigene76707_All	41.35	5.16	0	4.63	-3.00	-12.01	-3.16
32	CL10418.Contig2_All	31.43	0	0	0	-11.62	-11.62	-11.62
33	CL10891.Contig1_All	248.18	0	467.74	0	-14.60	0.91	-14.60
34	CL174.Contig7_All	36.2	0	0	0	-11.82	-11.82	-11.82
35	CL1933.Contig3_All	133.58	0	92.18	0	-13.71	-0.54	-13.71
36	CL2038.Contig4_All	40.39	0	0	0	-11.98	-11.98	-11.98
37	CL307.Contig4_All	104.65	0	0	0	-13.35	-13.35	-13.35
38	CL5989.Contig1_All	34.68	0	0	0	-11.76	-11.76	-11.76
39	Unigene14761_All	217.94	0	18.51	0	-14.41	-3.56	-14.41
40	CL10647.Contig1_All	49.38	0	0	26.39	-12.27	-12.27	-0.90
41	CL5140.Contig1_All	36.78	21.04	0	0	-0.81	-11.84	-11.84
42	CL5855.Contig3_All	69.66	36.22	0	0	-0.94	-12.77	-12.77
43	CL5896.Contig4_All	59.27	0	0	2.85	-12.53	-12.53	-4.38
44	Unigene78407_All	101.43	0.19	0	0	-9.06	-13.31	-13.31

3.4.6　差异基因功能分析

针对对照组-vs-等离子体+活化水、对照组-vs-活化水和对照组-vs-等离子体三组之间基因表达差异倍数绝对值大于 5 的基因进行分析，对差异基因进行 KEGG Pathway 分析和 GO 分析。等离子体+活化水中，具有转录、翻译、代谢功能的基因表达明显上调，富集比例较大，植物幼苗代谢速率加快，促进转录翻译；解毒基因表达上调，可能是因为活化水中含有 NO_2^-、NO_3^-、H_2O_2 等长寿命粒子，为了达到细胞内 RONS 的平衡，解毒基因表达显著上调；包含分子功能调节剂作用的基因表达显著上调，有助于调节植物生长过程，提高作物的产量与品质。活化水组翻译过程及代谢过程被促进，注释组基因大多表现出和等离子体+活化水同样的上调趋势，但是基因上调数基本低于等离子体+活化水组，说明等离子体+活化水和活化水组基因变化效果相似，但由于等离子体+活化水组经离子风刻蚀后活化水对种子损伤更严重，具有调控作用的基因表达量明显高于活化水组。在等离子体组中，所有差异基因表达均表现出下调趋势，尤其膜运输、其他次生代谢产物的生物合成中上调基因数分别为下调基因数的 0.50 倍和 0.49 倍，在等离子体刺激下，膜运输功能下降，代谢产物合成受到抑制。等离子体组中基因下调说明等离子体单独处理对种子有一定影响，但不足以促进基因表达。

在差异基因中筛选出处理组表达上调或下调明显的基因，通过对基因功能及表达量分析可知：活化水组存活幼苗跨膜运输被促进，氧化还原反应被促进；几丁质酶含量增加，有助于植物体抗菌抗病毒；活化水组合成核仁素基因表达量增加，核仁素不但直接参与核糖体的生物合成与成熟，还直接或间接参与细胞增殖、生长、胚胎发生、胞质分裂、染色质复制与核仁的发生等过程；经活化水处理的幼苗胡萝卜素含量较高，做饲料有利于动物健康。活化水细胞壁合成被抑制，酯类合成受到抑制，具有其他功能的基因上、下调表达量基本一致，对幼苗影响不大。等离子体组存活幼苗具有合成羧亚甲基丁烯醇酸酶功能的基因 FPKM 达到 848.58，是植物种子发芽的促进剂，促进种子生长。光合作用、跨膜运输、细胞壁合成等功能被促进，但是基因上调幅度不大。对细菌的防御功能增加，合成核仁素基因表达量增加。等离子体组存活幼苗酯类合成受到抑制，幼苗糖代谢功能下降，过氧化物酶合成能力下降，幼苗代谢被抑制；对紫外线引起的 DNA 的损伤修复功能减弱。在等离子体+活化水中，具有超氧化物歧化酶和氧化功能的基因表达显著上调；存活幼苗跨膜运输被促进，氧化还原反应被促进；几丁质酶含量增加，有助于植物体抗菌抗病毒；等离子体+活化水组合成核仁素基因表达量增加；虽然有关光合作用的基因有一部分表达下调，但远不及表达上调基因数量大，幼苗呼吸作用和光合作用都被促进，大量促进沙打旺幼苗生长的基因表达上调。经等离子体+活化水处理的幼苗胡萝卜素含量较高，做饲料有利于动物健康。等离子体+活化水细胞壁合成被抑制，糖代谢受到抑制，具有其他功能的基因上、下调表达量基本一致，对幼苗影响不大。

CL2038.Contig6_All、CL2038.Contig8_All 可以指导合成锌转运蛋白，促进植物体中锌的吸收、胞外到胞内的转运以及细胞内锌的转移，这些基因在等离子体和活化水组表达上调。有研究报道，已经在拟南芥、小麦、西红柿、大豆、水稻等多种植物中鉴定出 ZIP 转运体家族成员，具有这一功能的基因首次在沙打旺中被检测到。

综合以上结果发现，经过活化水处理的等离子体+活化水和活化水组存活幼苗大量促进植物生长代谢的基因表现出上调趋势，有利于优良基因的表达。所以等离子体和活化水协同处理更有利于筛选优良品种。放电等离子体与活化水协同作用使沙打旺大量基因表达上调，对沙打旺育种工作具有重要意义。

3.4.7　小结

① 针阵列-板介质阻挡放电装置在电压 25kV、针-介质板距离 4cm 条件下的放电等离子体与活化水协同作用处理沙打旺种子 3h，大幅度降低沙打旺存活率。

② 接种 3 天的幼苗 ROS 含量较对照组显著增加（对照组＜等离子体＜活化水＜等离子体+活化水）。

③ 经等离子体+活化水协同处理后存活的沙打旺幼苗大量基因表达上调，抗逆性强，代谢快。放电等离子体与活化水协同作用对沙打旺育种工作具有重要意义。

3.5 等离子体及其活化水对蒺藜苜蓿基因表达的影响

3.5.1 蒺藜苜蓿简介

蒺藜苜蓿（*Medicago truncatula*）作为被子植物门豆科一年生草本植物，其与大部分豆科植物遗传相似性很高，从蒺藜苜蓿获得的信息可以用于其他豆科植物的研究，被认为是研究豆科植物遗传学的模式植物。因此，进行等离子体及活化水对蒺藜苜蓿生物效应的研究对提高豆科植物产量、促进优良基因的表达、选育优良品种具有重要指导意义。

3.5.2 实验条件

应用针阵列-板介质阻挡放电装置（图 3-1），实验确定电压 25kV，针尖到介质板距离 4cm 进行等离子体放电，此时放电功率约为 0.315W。

3.5.2.1 等离子体活化水制备

量筒量取 50mL 去离子水（UPR-I-60L 优普纯水制造系统），初始电导率为 2.93μS/cm，放入内直径 14cm 的聚丙烯培养皿中，用 25kV 电压、4cm 针-介质板距离活化处理 3h，所得活化水中 NO_2^- 浓度 0.004mg/L，H_2O_2 浓度 15.417mg/L，NO_3^- 浓度 335.084mg/L，pH 为 2.65，电导率为 915.67μS/cm。

3.5.2.2 蒺藜苜蓿种子培养

挑选饱满无损伤的蒺藜苜蓿（*Medicago truncatula* Jemalong A17）种子，取每皿 45 粒。蒺藜苜蓿种皮用砂纸打磨后，一部分用等离子体处理，电压 25kV，针-介质板距离为 4cm，处理时间为 3h。同一放电条件下获得活化水。取 30mL 去离子水或活化水将种子放入锥形瓶中浸泡吸胀，边吸胀边用恒温摇床催芽 5h，转速 60r/min，温度 25℃。吸胀后，将各组种子用去离子水清洗掉种皮表面液体，移入有 30mL 去离子水的锥形瓶中继续摇床催芽 19h。具体分组处理情况如表 3-6 所示。

表 3-6 处理分组情况

分组	种子处理	培养方法
对照组	未经处理	去离子水
等离子体	等离子体处理	去离子水
活化水	未经处理	活化水

将不同条件处理后的种子放在含有湿润的 3 层滤纸的培养皿中，每隔一天向培养皿中加入 1mL 去离子水，以保持滤纸湿润。将种子置于光照培养箱中 25℃ 恒温培养，种子出芽后，给光照培养箱加 100lx 光照条件，连续光照 14h，黑暗 10h 进行培养。每组重复 3 次。

3.5.3 蒺藜苜蓿种子存活率

如图 3-28 所示，对照组蒺藜苜蓿存活率可以达到 97% 以上，等离子体组存活率为 98%，与对照组无显著性差异，而活化水组存活率仅为 17.3%，与对照组和等离子体组均有显著性差异，且达到诱变育种所需要的半致死剂量。因此活化水培养蒺藜苜蓿种子有潜力被应用到蒺藜苜蓿的诱变育种研究。

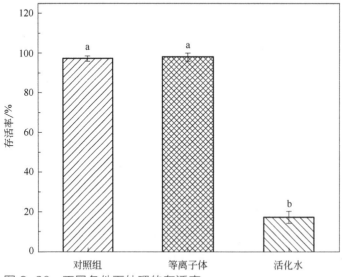

图 3-28 不同条件下处理的存活率

[不同字母表示不同处理间差异有统计学意义（$P < 0.05$）]

3.5.4 差异基因分析

使用 DNBSEQ 测序平台一共测了对照组、等离子体和活化水共 3 个样品，每个样品平均产出 6.48G 数据。样品比对基因组的平均比对率为 93.29%，比对基因集的平均比对率为 86.33%；一共检测到 25080 个基因。分析数据发现，经等离子体和等离子体活化水处理培养的蒺藜苜蓿幼苗基因表达与对照组有很大差异。如图 3-29 所示，等离子体和活化水组较对照组有大量基因表现出显著性差异，且两组差异基因中上调基因数量均大于下调基因数量。

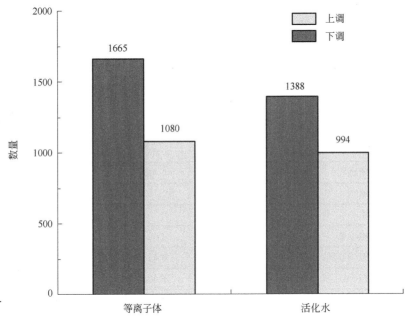

图 3-29　差异基因数量统计图

3.5.5 基因功能注释

针对对照组-vs-等离子体和对照组-vs-活化水进行差异基因分析。相比对照组，等离子体共有 1665 个基因表达上调，共有 1080 个基因表达下调，活化水共有 1388 个基因表达上调，共有 994 个基因表达下调。对这些基因进行 GO 注释和 KEGG Pathway 分析，得到的结果如表 3-7、表 3-8所示。

表 3-7　差异基因 GO 注释

水平	对照组-vs-等离子体			对照组-vs-活化水		
	上调	下调	上调/下调	上调	下调	上调/下调
代谢过程	525	313	1.68	449	284	1.58
细胞过程	505	332	1.52	481	312	1.54
生物调节	170	134	1.27	174	108	1.61
对刺激的反应	159	145	1.10	212	100	2.12
生物过程调节	124	125	0.99	145	90	1.61
定位	120	56	2.14	96	69	1.39
细胞成分组织或生物生成	106	24	4.42	67	42	1.60
发展过程	57	24	2.38	31	15	2.07
信号传导	40	61	0.66	71	43	1.65
多细胞生物过程	29	22	1.32	32	18	1.78
生物过程的正向调节	28	16	1.75	20	14	1.43
多生物过程	17	30	0.57	22	22	1.00
生物过程的负调控	12	8	1.50	11	5	2.20
生殖	12	18	0.67	24	15	1.60
生殖过程	12	18	0.67	24	15	1.60
解毒	10			6	1	6.00
生长	3			2	2	1.00
细胞增殖	2	1	2.00		1	0.00
免疫系统过程	2	5	0.40	1	5	0.20
碳利用	1	1	1.00			
移动				1	1	1.00
氮利用				1	1	1.00
节律过程				1		
细胞	609	366	1.66	523	346	1.51
细胞部分	603	356	1.69	509	339	1.50
膜	490	315	1.56	403	324	1.24
膜部分	416	279	1.49	343	296	1.16
细胞器	342	206	1.66	277	190	1.46
细胞器部分	109	20	5.45	72	34	2.12
细胞外区域	101	40	2.53	81	36	2.25
含蛋白质复合物	60	15	4.00	29	20	1.45

水平	对照组-vs-等离子体			对照组-vs-活化水		
	上调	下调	上调/下调	上调	下调	上调/下调
细胞连接	32	17	1.88	11	20	0.55
共质体	32	17	1.88	11	20	0.55
超分子复合物	24	1	24.00	1	3	0.33
细胞外区域部分	9	11	0.82	4	6	0.67
膜封闭腔	9	2	4.50	14	3	4.67
其他生物体	1			2		
其他有机体部分	1			2		
类核				1		
催化活性	841	464	1.81	680	462	1.47
结合	614	466	1.32	627	384	1.63
转运活性	93	38	2.45	99	54	1.83
转录调节活性	60	92	0.65	70	63	1.11
分子功能调节性	37	16	2.31	35	11	3.18
抗氧化活性	34	8	4.25	31	3	10.33
分子传感器活性	21	20	1.05	19	10	1.90
营养库活性	12			8	3	2.67
结构分子活性	7	1	7.00	4	4	1.00
分子载体活性				3		
蛋白质标签				1		

共有 2249 个基因注释到 GO 数据库中。据表 3-7 可知，注释到 GO 数据库中的基因大多数表现出上调趋势，只有少部分基因呈现下调趋势。对照组-vs-等离子体组中，注释在生物过程调节、信号传导、多生物过程、生殖、生殖过程、免疫系统过程、细胞外区域部分、转录调节活性的下调基因数量略大于上调基因数量，等离子体组幼苗对信号的响应，免疫调节功能，转录、复制过程可能减弱。对照组-vs-活化水组中，注释在细胞增殖、细胞连接、共质体、超分子复合物、细胞外区域部分的下调基因数量略大于上调基因数量，细胞增殖过程可能被抑制，具有细胞连接和共质体功能的基因下调，超分子复合物形成被抑制，但是只有很少一部分基因表现出这种下调趋势，对植物影响不大。对照组-vs-等离子体组中，注释在细胞成分组织或生

物生成、解毒、细胞器部分、含蛋白质复合物、超分子复合物、膜封闭腔、抗氧化活性、营养库活性、结构分子活性的基因呈表达上调趋势，且上调基因超过下调基因数的4倍；分析可知，具有解毒和抗氧化活性功能的基因表达上调，这可能是植物对等离子体刺激作出的反应，一些细胞组成基因表达上调，具有含蛋白质复合物、营养库功能的基因表达上调，有助于蒺藜苜蓿营养物质含量的提高，超分子复合物形成被促进，这与活化水组表现出相反的趋势。对照组-vs-活化水组中，注释在解毒、膜封闭腔、抗氧化活性的基因呈表达上调趋势。两处理组注释在代谢过程、细胞过程、细胞、细胞部件、膜、膜部件、催化活性和结合的差异基因数量较大，上调基因数均大于下调基因数，说明等离子体和活化水组细胞代谢过程被促进，同时又突变出大量基因参与细胞组成。

表 3-8 差异基因 KEGG Pathway 分析

KEGG 通道术语级别	对照组-vs-等离子体			对照组-vs-活化水		
	上调	下调	上调/下调	上调	下调	上调/下调
运输和分解代谢	18	4	4.50	13	6	2.17
细胞生长和死亡	5			3	2	1.50
信号转导	33	30	1.10	32	19	1.68
膜运输	5	1	5.00	8	1	8.00
折叠、分类和降解	15	9	1.67	44	4	11.00
翻译	5			8	2	4.00
复制和修复	1					
转录		2	0.00	7	2	3.50
碳水化合物代谢	90	18	5.00	62	24	2.58
脂质代谢	57	22	2.59	34	24	1.42
全局与概述图谱	56	14	4.00	41	14	2.93
其他次生代谢物的生物合成	50	53	0.94	80	11	7.27
氨基酸代谢	42	11	3.82	44	10	4.40
能量代谢	29	6	4.83	21	8	2.63
萜类和聚酮的代谢	26	9	2.89	11	9	1.22
其他氨基酸的代谢	21	12	1.75	36	9	4.00
辅因子和维生素的代谢	17	8	2.13	10	5	2.00
聚糖生物合成和代谢	6	1	6.00	7		

KEGG 通道术语级别	对照组-vs-等离子体			对照组-vs-活化水		
	上调	下调	上调/下调	上调	下调	上调/下调
核苷酸代谢	3			5	5	1.00
环境适应	16	39	0.41	27	17	1.59
衰老	1	2	0.50	5	2	2.50

共有 508 个基因注释到 KEGG 数据库中。据表 3-8 可知，注释到 KEGG 数据库中的基因大多数表现出上调趋势，只有对照组-vs-等离子体中少部分基因呈现下调趋势。对照组-vs-等离子体组中，注释在转录、其他次生代谢物的生物合成、环境适应、衰老的下调基因数量略大于上调基因数量，等离子体组幼苗环境适应能力减弱，转录过程被抑制。对照组-vs-等离子体组中，注释在运输和分解代谢、细胞生长和死亡、膜运输、翻译、碳水化合物代谢、能量代谢、聚糖生物合成和代谢的基因呈表达上调趋势，且上调基因超过下调基因数的 4 倍。分析可知，具有运输功能的基因表达上调，细胞运输过程被促进，糖代谢被促进。对照组-vs-活化水组中，注释在膜运输、折叠、分类和降解、翻译、其他次生代谢物的生物合成、氨基酸代谢、其他氨基酸的代谢的基因呈表达上调趋势，与等离子体组相同，细胞运输及翻译过程被促进，氨基酸代谢被促进，促进其他次生代谢产物的合成。

3.5.6 差异基因分析

在差异基因中筛选出处理组表达上调差异倍数较大或表达差异数量较多的基因，每组各 20 条（表 3-9）：编号 1～20 的基因在活化水中表达上调最明显，编号 21～40 的基因在等离子体中表达上调最明显。除 1 号基因外，其他基因在对照组中表达量较低或不表达。

表 3-9 中，基因 1 具有合成核与细胞质的功能，可以对各种刺激作出反应及防御，它在活化水中表达量达到 2761.06，这可能是植物对活化水刺激作出的反应。活化水组中基因 2～20 上调明显，这些基因在等离子体和对照组中表达量差异不大。其中基因 3～8 和基因 18 具有指导热激蛋白合成的功能，这些基因对高温高盐胁迫作出反应，同时对过氧化氢及活性氧作出反应；这些基因的大量表达有助于活化水组幼苗抵抗过氧化氢及过量活性氧对植物体造成的伤害。基因 9 和 20 也属于热激蛋白，用于促进蛋白质折叠，确保蛋

白质的稳定性。基因 2 和 17 对亚硝酸盐和硝酸盐作出反应,促进氧化还原反应及氮代谢;基因 2 还具有促进一氧化氮合成和金属离子结合的功能,一氧化氮作为一种气体信号分子,参与调控植物的许多重要生理过程;基因 17 促进线粒体及叶绿体机制的形成。基因 10 促进叶绿体生长,促进植物光合作用。基因 13 和 16 促进内肽酶抑制剂活性,基因 11 促进锌离子结合,基因 12 参与核糖体形成,基因 14 促进植物防御反应,基因 15 参与膜的组成,基因 19 促进糖代谢。

等离子体组中基因 21～40 上调明显,这些基因在活化水和对照组中表达量差异不大。其中基因 24、26、31、37、38 促进氧化还原反应;基因 26 还指导合成亚油酸;基因 31 促进过氧化氢分解和苯丙烷合成,对逆境胁迫应答能力增强;基因 37 促进氨基酸代谢,促进金属离子结合;基因 38 促进铁离子结合。基因 25 指导合成有利于动物健康的白蛋白;基因 27 指导合成生长素结合蛋白,促进锰离子结合,对植物生长有促进作用;基因 29 促进糖类代谢;基因 23 促进甲基转移酶活性,基因 30、33 促进糖基的转移酶活性;基因 32、34 参与膜的合成;基因 36 促进金属离子结合;基因 39、40 促进脂质分解代谢,具有合成磷脂酶和促进酰基甘油脂肪酶活性的功能。

表 3-9　表达上调显著基因

编号	基因编码	转录本定量（FPKM）			$\log_2$（差异倍数）	
		对照组	等离子体	活化水	（等离子体/对照组）	（活化水/对照组）
1	11408808	171.73	15.83	2761.06	-3.44	4.01
2	11428809	0.19	0.83	343.73	2.13	10.82
3	11429361	0.53	0.72	473.83	0.44	9.80
4	25493107	0.22	0.57	144.24	1.37	9.36
5	11415795	0.92	2.27	302.79	1.3	8.36
6	11410483	2.24	2.46	265.83	0.14	6.89
7	11425749	3.87	5.67	239.70	0.55	5.95
8	11435072	3.08	7.51	248.59	1.29	6.33
9	11443124	0.90	1.41	106.93	0.65	6.89
10	25485576	2.28	0.94	221.50	-1.28	6.60
11	11408453	11.03	4.20	226.90	-1.39	4.36
12	11409699	6.04	4.51	163.06	-0.42	4.75
13	11425623	11.67	4.16	341.93	-1.49	4.87

编号	基因编码	转录本定量（FPKM）			log₂（差异倍数）	
		对照组	等离子体	活化水	（等离子体/对照组）	（活化水/对照组）
14	11436800	9.78	1.71	239.31	−2.52	4.61
15	11439136	5.58	11.94	170.51	1.1	4.93
16	11443285	12.33	0.20	300.68	−5.95	4.61
17	11445727	13.07	16.13	245.80	0.3	4.23
18	25481986	4.04	0.97	113.25	−2.06	4.81
19	25492624	8.50	1.90	149.15	−2.16	4.13
20	25497103	7.91	5.70	152.59	−0.47	4.27
21	11411376	0.00	30.86	0.12	11.59	3.58
22	11413892	0.00	52.62	0.00	12.36	
23	11415340	0.00	26.23	0.00	11.36	
24	11416193	0.09	31.62	9.14	8.46	6.67
25	11417965	0.00	53.87	0.25	12.40	4.64
26	11418914	0.10	60.64	1.63	9.24	4.03
27	11419921	0.00	22.08	0.00	11.11	
28	11422621	0.00	21.77	0.40	11.09	5.32
29	11422744	2.43	255.27	5.34	6.71	1.14
30	11426461	0.47	40.00	0.06	6.41	−2.97
31	11426647	0.05	24.59	0.01	8.94	−2.32
32	11428968	0.07	45.79	1.61	9.35	4.52
33	11429236	0.42	28.30	0.04	6.07	−3.39
34	11429613	0.00	85.13	0.00	13.06	
35	11430669	0.00	29.29	0.00	11.52	
36	25491368	0.27	29.66	2.04	6.78	2.92
37	25494032	1.35	41.64	1.03	4.95	−0.39
38	25497925	0.00	41.09	0.00	12.00	
39	25500069	1.94	567.49	2.01	8.19	0.05
40	25500071	0.52	37.75	1.50	6.18	1.53

在差异基因中筛选出处理组表达下调差异倍数较大或表达差异数量较多的基因，每组各20条（表3-10）：编号1～16的基因在活化水中表达下调最明显，编号17～32的基因在等离子体中表达下调最明显，编号33～36的基因在两处理组中表达下调均表现出较明显的变化。

表 3-10　表达下调显著基因

编号	基因编码	转录本定量（FPKM）			log₂（差异倍数）	
		对照组	等离子体	活化水	（等离子体/对照组）	（活化水/对照组）
1	112417479	642.54	78.65	19.41	-3.03	-5.05
2	112417480	459.67	54.05	14.04	-3.09	-5.03
3	11406642	383.55	34.46	8.94	-3.48	-5.42
4	11432431	17.66	1.39	0.00	-3.67	-10.79
5	11441028	18.00	21.76	0.04	0.27	-8.81
6	11441684	57.95	5.27	0.00	-3.46	-12.50
7	25483978	37.67	7.83	1.16	-2.27	-5.02
8	25486524	84.71	5.32	0.92	-3.99	-6.52
9	25499920	19.60	3.29	0.00	-2.57	-10.94
10	11422157	21.18	3.23	0.73	-2.71	-4.86
11	25483928	23.70	2.10	1.01	-3.5	-4.55
12	25493261	144.17	43.73	8.17	-1.72	-4.14
13	25493370	80.21	18.14	4.09	-2.14	-4.29
14	25496475	192.27	49.87	10.81	-1.95	-4.15
15	25496477	198.99	52.40	9.98	-1.93	-4.32
16	25502169	220.46	39.82	9.10	-2.47	-4.60
17	11408919	16.72	0.35	0.12	-5.58	-7.12
18	11408977	14.27	0.49	1.23	-4.86	-3.54
19	11412895	58.85	2.88	4.89	-4.35	-3.59
20	11415358	43.53	0.10	19.60	-8.77	-1.15
21	11417842	9.12	0.05	9.29	-7.51	0.03
22	11425148	13.56	0.61	5.69	-4.47	-1.25
23	11433644	172.85	7.59	29.04	-4.51	-2.57
24	11441424	19.45	0.49	1.19	-5.31	-4.03
25	11443285	12.33	0.20	300.68	-5.95	4.61
26	25482537	13.33	0.73	1.18	-4.19	-3.5
27	25482765	8.32	0.10	72.90	-6.38	3.13
28	25488708	21.77	1.18	67.91	-4.21	1.64
29	25493460	8.28	0.21	8.33	-5.30	0.01
30	25495869	19.38	0.04	10.19	-8.92	-0.93
31	25496120	14.00	0.66	0.05	-4.41	-8.13

编号	基因编码	转录本定量（FPKM）			log₂（差异倍数）	
		对照组	等离子体	活化水	（等离子体/对照组）	（活化水/对照组）
32	25497404	126.21	2.99	13.14	−5.40	−3.26
33	112421114	247.08	10.65	3.41	−4.54	−6.18
34	11441246	98.73	4.63	0.23	−4.41	−8.75
35	11441685	28.06	1.44	0.11	−4.28	−7.99
36	25493033	31.51	1.58	1.40	−4.32	−4.49

根据表 3-10 可以发现，基因 1～16 中，除基因 5 之外，其他基因两处理组表达量均低于对照组，并且活化水组表达下调比等离子体组更显著，而基因 5 在活化水中表达下调，在等离子体组中略有上调，这一基因具有磷酸水解酶功能，促进植物中各类磷酸水解，活化水组磷酸水解减缓，而等离子体组磷酸水解被促进。基因 1、2 促进核酸结合，处理组核酸结合被抑制；基因 3 表达下调，抑制转移酶和连接酶活性；基因 4、6、8、16 促进 DNA 结合，参与核组成，处理组 DNA 结合减缓；基因 7 表达下调导致植物对生长素反应功能减弱；基因 9、14、15 表达下调抑制金属离子结合和运输；基因 10 表达下调使对蛋白质运输有抑制作用；基因 11 表达下调，植物防御反应减弱，但下调倍数较小；基因 12 表达下调，抑制经典阿拉伯半乳聚糖合成；基因 13 参与膜组成。

基因 17～32 中，基因 21、28、29 在活化水中表达量高于对照组，基因 25 在活化水中上调明显，其他基因两处理组表达量均低于对照组。基因 21 促进蛋白质二聚活性和腺苷甲硫氨酸依赖性甲基转移酶活性，在植物抗病、植物激素生长和信号调节、花粉管伸长和花粉生长等生理过程中起重要作用；基因 25 促进内肽酶抑制剂活性，在活化水中表达上调；基因 28、29 促进类黄酮生物合成，基因 28 具有合成氧化还原酶功能，指导合成二氢山奈酚、山奈酚、芹菜素、柚皮素、甘草素，具有抗菌抗病等作用，这一基因在活化水中表达上调，有利于植物生长；基因 29 促进各类转移酶合成，促进苯丙烷、单信号醇、二苯乙烯类、二芳基庚烷类和姜辣素生物合成，在活化水中表达上调；基因 17、24 表达下调，减缓 DNA 结合；基因 18、30、31 参与膜组成，此外，基因 18 具有信号传导功能，处理组信号传导功能减弱，基因 30 表达下调，抑制植物-病原相互作用，抑制转移酶活性，抑制脂肪酸合成和伸长；基因 22 表达下调，也抑制植物-病原相互作用，对植物激素信号传导有抑制作用；基因 19 表达下调，降低了水解酶活性；基因 20 表达下调，抑制脂类代谢；基因 23 表达下调，抑制转移酶和连接酶活性；基因 26 表达下调，抑制水解酶活性；基因 27 表达下调，抑制苯丙烷、单信号醇生物合成。基因 32 指导合成多聚半乳糖醛酸酶抑制剂，这一基因表达下调减缓这种抑制作用。基因 33 指导合成类碱性磷酸酶蛋白；基因 34～36 促进 DNA 结合，参与核组成，处理组 DNA 结合减缓。这些基因在等离子体和活化水中均表达下调，表现出抑制作用。

3.5.7 qRT-PCR 验证

qRT-PCR 验证结果显示，与对照组相比，选取差异表达显著的 6 条基因，这些基因相比对照组出现了差异表达，并且差异表达趋势一致（图 3-30），说明采用 RNA-Seq 方法对差异表达基因的分析结果是可靠的。

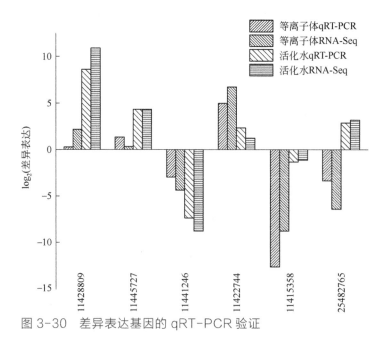

图 3-30　差异表达基因的 qRT-PCR 验证

3.5.8 蒺藜苜蓿幼苗长势

从图 3-31 中可以看出，等离子体组幼苗与对照组幼苗在培养第 7 天时只生长出一条主根，并且两组幼苗生长过程中没有明显差异。活化水组幼苗在第七天除主根外还生长出部分侧根，说明活化水对植物造成的微观基因表达影响已经转化成宏观的幼苗长势变化。虽然短期内活化水组幼苗长势较差，但其促进生长基因大量表达，且侧根快速发育，这对幼苗后期快速生长甚至提高产量方面都具有重要意义。活化水处理比等离子体直接处理对蒺藜苜蓿生物效应更明显。

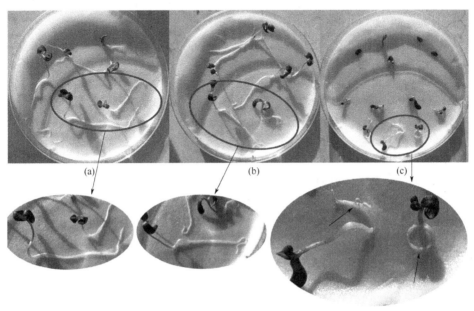

图 3-31　幼苗生长图像

（a）对照组；（b）等离子体；（c）活化水

3.5.9　小结

① 长时间制备的活化水对蒺藜苜蓿种子表现出明显的致死作用，存活率仅为 17.3%。

② 等离子体和活化水组均有大量基因表达发生变化，其中活化水组促进生长、代谢功能基因表达上调显著，另外，有利于植物对高温高盐胁迫作出反应的基因表达上调，植物抗逆性更强。

③ 活化水组幼苗在培养第七天时，除主根外还生长出部分侧根，活化水对植物造成的微观基因表达影响已经转化成宏观的幼苗长势变化。

④ 本研究为活化水植物培养研究提供了新思路和实验证据,这对豆科植物育种工作具有指导意义。

参考文献

[1] Jin Y S，Cho C，Kim D，et al. Mass production of plasma activated water by an atmospheric pressure plasma[J]. Japanese Journal of Applied Physics，2020，59（SH）.

[2] Guo L，Yao Z，Yang L et al. Plasma-activated water: an alternative disinfectant for S protein inactivation to prevent SARS-CoV-2 infection [J]. Chemical Engineering Journal，2021，421：127742.

[3] Bradu C，Kutasi K，Magureanu M et al. Reactive nitrogen species in plasma-activated water: generation，chemistry and application in agriculture [J]. Journal of Physics D：Applied Physics，2020，53（22）：1-21.

[4] Kaushik N K，Ghimire B，Li Y et al. Biological and medical applications of plasma-activated media，water and solutions[J]. Journal of Biological Chemistry，2019，400（1）：39-62.

[5] Puač N，Gherardi M，Shiratani M. Plasma agriculture: a rapidly emerging field [J]. Plasma Processes and Polymers，2018，15（2）：1.

[6] Rifna E J，Ratish Ramanan K，Mahendran R. Emerging technology applications for improving seed germination [J]. Trends in Food Science & Technology，2019，86：95-108.

[7] Maisch T，Shimizu T，Li Y F et al. Decolonisation of MRSA，S. aureus and E. coli by cold-atmospheric plasma using a porcine skin model in vitro [J]. PLoS One，2012，7（4）：1-9.

[8] Gao X，Zhang A，Heroux P，et al. Effect of dielectric barrier discharge cold plasma on pea seed growth [J]. Journal of Agricultural and food Chemistry，2019，67（39）：10813-10822.

[9] Kučerová K，Henselová M，Slováková L，et al. Effects of plasma activated water on wheat: germination，growth parameters，photosynthetic pigments，soluble protein content，and antioxidant enzymes activity [J]. Plasma Processes and Polymers，2019，16（3）.

[10] Judee F，Simon S，Bailly C et al. Plasma-activation of tap water using DBD for agronomy ipplications: identification and quantification of long lifetime chemical species and production/ consumption mechanisms [J]. Water Research，2018，133：47-59.

[11] Zhang Q，Liang Y，Feng H，et al. A study of oxidative stress induced by non-thermal plasma-activated water for bacterial damage [J]. Applied Physics Letters，2013，102

（20）：203701.

［12］鈕晓艳，李海蓝，吴迪，等. 等离子体活化水对青椒尖孢镰刀菌的抑制作用［J］. 现代食品科技，2020，36（10）：33-40.

［13］Chen Z，Liu D，Chen C，et al. Analysis of the production mechanism of H_2O_2 in water treated by helium DC plasma jets［J］. Journal of Physics D：Applied Physics，2018，51（32）：1.

［14］Chen Z，Liu D，Xu H et al. Decoupling analysis of the production mechanism of aqueous reactive species induced by a helium plasma jet［J］. Plasma Sources Science and Technology，2019，28（2）：25001.

［15］Liu Z C，Liu D X，Chen C et al. Physicochemical processes in the indirect interaction between surface air plasma and deionized water［J］. Journal of Physics D：Applied Physics，2015，48（49）：1.

［16］Liu D X，Liu Z C，Chen C，et al. Aqueous reactive species induced by a surface air discharge：heterogeneous mass transfer and liquid chemistry pathways［J］. Scientific Reports，2016，6（1）：1.

［17］Liu Z C，Guo L，Liu D X et al. Chemical kinetics and reactive species in normal saline activated by a surface air discharge［J］. Plasma Processes and Polymers，2017，14（4-5）：4-5.

［18］Clodomiro J，Menezes F，Vitoriano J，et al. Effect of plasma-activated water on soaking，germination，and vigor of *Erythrina velutina* seeds［J］. Plasma Medicine，2019，9（2）：111-120.

［19］EI Shaer M，EI Welily H，Zaki A et al. Germination of wheat seeds exposed to cold atmospheric plasma in dry and wet plasma-activated water and mist［J］. Plasma Medicine，2020，10（1）：1-13.

［20］Xu W，Song Z，Luan X，et al. Biological effects of high-voltage electric field treatment of naked oat seeds［J］. Applied Sciences，2019，9（18）：3829.

［21］Luan X，Song Z，Xu W，et al. Spectral characteristics on increasing hydrophilicity of *Alfalfa* seeds treated with alternating current corona discharge field［J］. Spectrochim Acta A Mol Biomol Spectrosc，2020，236：118350.

［22］Ni J，Ding C，Zhang Y，et al. Electrohydrodynamic drying of Chinese wolfberry in a multiple needle-to-plate electrode system［J］. Foods，2019，8（5）：152.

［23］Ni J，Ding C，Zhang Y et al. Impact of different pretreatment methods on drying characteristics and microstructure of goji berry under electrohydrodynamic（EHD）drying process［J］. Innovative Food Science & Emerging Technologies，2020，61：102318.

［24］Zhang Y，Ding C，Ni J et al. Effects of high-voltage electric field process parameters on the water-holding capacity of frozen beef during thawing process［J］. Journal of

Food Quality，2019 ：1-12.

［25］Oh J S，Szili E J，Ogawa K，et al. UV-vis spectroscopy study of plasma-activated water: dependence of the chemical composition on plasma exposure time and treatment distance ［J］. Japanese Journal of Applied Physics，2018，57：0102B9.

［26］Szili E J，Oh J S，Hong S H，et al. Probing the transport of plasma-generated RONSin an agarose target as surrogate for real tissue：dependency on time，distance and materialcomposition ［J］. Journal of Physics D，2015，48（20）：1.

［27］Liu Z，Zhou C，Liu D，et al. Quantifying the concentration and penetration depth of long-lived RONS in plasma-activated water by UV absorption spectroscopy ［J］. AIP Advances，2019，9（1）.

［28］Babu T S，Akhtar T A，Lampi M A，et al. Similar stress responses are elicited by copper and ultraviolet radiation in the aquatic plant *Lemna gibba*：implication of reactive oxygen species as common signals［J］. Plant Cell Physiol，2003，44（12）：1320-1329.

［29］Deng X L，Nikiforov A Y，Vanraes P，et al. Direct current plasma jet at atmospheric pressure operating in nitrogen and air ［J］. Journal Applied Physics，2013，113（2）：23305.

［30］Czech T，Sobczyk A T，Jaworek A. Optical emission spectroscopy of point-plane corona and back-corona discharges in air［J］. The European Physical Journal D，2011，65（3）：459-474.

［31］Szili E J，Oh J S，Hong S H et al. Probing the transport of plasma-generated RONS in an agarose target as surrogate for real tissue：dependency on time，distance and material composition ［J］. Journal of Physics D：Applied Physics，2015，48（20）：1.

［32］Holubova L，Kyzek S，Durovcova I，et al. Non-thermal plasma：a new green priming agent for plants ［J］. Int J Mol Sci，2020，21（24）：1-16.

［33］宋智青，丁昌江，栾欣昱，等. 高压电晕电场生物效应研究评述［J］. 核农学报. 2019，1（33）：69-75.

［34］Wang Z B，Wang Q Y. Cultivating *Erect milkvetch*（*Astragalus adsurgens* Pall.）（Leguminosae）improved soil properties in Loess Hilly and Gullies in China［J］. Journal of Integrative Agriculture，2013，12（9）：1652-1658.

［35］Sivachandiran L，Khacef A. Enhanced seed germination and plant growth by atmospheric pressure cold air plasma：combined effect of seed and water treatmen ［J］. RSC Advances，2017，7（4）：1822-1832.

［36］de Groot G，Hundt A，Murphy A B，et al. Cold plasma treatment for cotton seed germination improvement ［J］. Scientific Reports，2018，8（1）：14372.

［37］Zhang S，Rousseau A，Dufour T. Promoting lentil germination and stem growth by plasma activated tap water，demineralized water and liquid fertilizer ［J］. RSC Advances，2017，7（50）：31244-31251.

［38］ Lindsay A，Byrns B，King W，et al. Fertilization of radishes，tomatoes，and marigolds using a large-volume atmospheric glow discharge ［J］. Plasma Chemistry and Plasma Processing，2014，34（6）：1271-1290.

［39］ Ramilowski J A，Sawai S，Seki H，et al. Glycyrrhiza uralensis transcriptome landscape and study of phytochemicals ［J］. Plant Cell Physiol，2013，54（5）：697-710.

［40］ Shaheen S，Fawaz F，Shah S，et al. Differential expression and pathway analysis in drug-resistant triple-negative breast cancer cell lines using RNASeq analysis ［J］. International Journal of Molecular Sciences，2018，19（6）：1810.

［41］ Massaro M，De Paoli E，Tomasi N，et al. Transgenerational response to nitrogen deprivation in arabidopsis thaliana ［J］. International Journal of Molecular Sciences，2019，20（22）：5587.

［42］ Jung I，Kang H，Kim J U，et al. The mRNA and miRNA transcriptomic landscape of *Panax ginseng* under the high ambient temperature ［J］. BMC Systems Biology，2018，12（2）：1.

［43］ Shen Q，Zhang S，Liu S，et al. Comparative transcriptome analysis provides insights into the seed germination in cotton in response to chilling stress ［J］. International Journal of Molecular Sciences，2020，21（6）：2067.

［44］ Lawrie R D，Mitchell Iii R D，Deguenon J M，et al. Multiple known mechanisms and a possible role of an enhanced immune system in Bt-resistance in a field population of the bollworm，helicoverpa zea：differences in gene expression with RNAseq ［J］. International Journal of Molecular Sciences，2020，21（18）：1-24.

［45］ Jin H，Dong D，Yang Q，et al. Salt-responsive transcriptome profiling of *Suaeda glauca* via RNA sequencing ［J］. PLoS One，2016，11（3）：1-14.

［46］ Zhang A，Liu M，Gu W，et al. Effect of drought on photosynthesis，total antioxidant capacity，bioactive component accumulation，and the transcriptome of *Atractylodes lancea* ［J］. BMC Plant Biology，2021，21（1）：1-4.

［47］ Li Y，Song Z，Zhang T，et al. Spectral characteristics of needle array-plate dielectric barrier discharge plasma and its activated water ［J］. Journal of Spectroscopy，2021，2021：1-13.

［48］ Eckhardt U，Marques A M，Buckhout T J. Two iron-regulated cation transporters from tomato complement metal uptake-deficient yeast mutants［J］. Plant Molecular Biology，2001，45（4）：437-448.

［49］ Ramesh S A，Shin R，Eide D J，et al. Differential metal selectivity and gene expression of two zinc transporters from rice ［J］. Plant Physiology，2003，133（1）：126-134.

［50］ Moreau S，Day D A，Puppo A. Ferrous iron is transported across the peribacteroid membrane of soybean nodules ［J］. Planta，1998，207（1）：83-87.

第四章
放电等离子体对微生物诱变研究

4.1　概述

  微生物诱变育种是一项被广泛用于微生物改良的重要技术，特别是在生物技术、生物制造、食品发酵和环境保护等领域应用广泛。常见的诱变剂，主要包括化学诱变剂、物理诱变剂和生物诱变剂。诱变剂的基本原理一般是通过诱变处理提高突变率并加速随后的进化过程，以获得具有所需表型的突变菌株。另外，鉴于产生随机突变的能力或潜力，诱变剂还可通过与组学分析结合来探索微生物未知分子功能，因此，开发新的诱变剂仍然很重要。

  大气压放电等离子体可在常温常压下与微生物相互作用，并且这种作用被认为是非热的，因其作用时间短、灭杀效果好、无污染、环境友好等特点，在杀菌消毒、食品保鲜、干燥解冻等多个领域得到了广泛应用。高压交直流电晕放电产生的低温等离子体对细菌、酵母、真菌和藻类生物灭杀效果明显，利用介质阻挡放电可以有效灭杀黑曲霉等真核微生物，等离子体还可以有效杀灭芽孢杆菌，并对医疗器械灭菌效果显著。大气压放电等离子体处理能够有效抑制蓝莓果实表面微生物的生长，显著降低蓝莓果实的脂质过氧化程度。

  大气压放电等离子体生物效应的研究已经有很长的时间了，但是，到目前为止，大气压放电等离子体生物效应的研究大都停留在当代效应，大气压放电等离子体的作用是否具有遗传效应，大气压放电等离子体对生物体有无突变率，以及突变率有多高，大气压放电等离子体生物效应的分子机制是什么，这些问题有待进一步深入研究。所以，本课题选择大肠杆菌 *lacI* 基因为研究对象，详细分析大气压放电等离子体诱发大肠杆菌 *lacI* 基因突变谱，并且与以往的 γ 射线诱发的突变谱、自发突变的突变谱、自由基诱发的突变谱、离子束注入诱发的突变谱进行比较，进而分析大气压放电等离子体诱发 *lacI* 基因突变率，及突变机理。

4.2 放电等离子体对大肠杆菌的诱变研究

4.2.1 引言

lac 操纵子是诱变机理研究中应用最广泛的体系，已经积累了大量的突变研究数据。Ames 回复突变体系是目前公认的突变检测体系之一，是基于 *lacZ* 营养突变型的回复突变体系。同时，*lacI* 和 *lacZ* 已经作为报告基因应用到各种有关基因表达、突变研究等的体系中，包括 Big-Blue（*lacI* 转基因鼠）、Mut-Mouse（*lacZ* 转基因鼠）等。因此，利用这一体系可以与已有数据进行广泛比较，而且可以研究离子束引起从原核生物到高等动物的突变机理。

电离辐射与非电离辐射等物理因素引起的 DNA 突变谱鉴定是诱变机理研究的基础，同时突变谱研究一直是辐射生物学研究的一个热点。前人已建立了一系列的方法来鉴定不同诱变剂诱发的突变谱，从而分析各种诱变剂的致突变机理。其中，Southern 杂交分析是检测各种诱变剂引起生物体基因组大片段重排与缺失的一种有效方法。基于特定基因座位设计特异性引物 PCR 扩增也为重组、缺失等相对大片段突变频率等检测提供了方便快捷的途径，而且可以在同一反应体系中针对多个不同的基因座位设计特异性引物作多重 PCR，同时检测染色体上多个区段。目前，点突变检测仍缺乏很好的筛选与鉴定方法。点突变包含碱基置换（base substitutions）[包括转换（transition）与颠换（transversion）两种方式]、移码突变（frameshift）、插入与缺失（short insertions and deletions），而其中碱基置换是电离辐射等诱变剂诱发点突变的主要类型。转换、颠换及特定位点移码、插入与缺失大都是基于大肠杆菌 F′质粒 *lacZ* 回复突变子检测系统，并且已建立了一系列 *lacZ* 构建子及与其相适应的可以作为相关检测的菌株。然而 *lacZ* 系统的突变子筛选是基于蓝白斑筛选体系，而该体系是一个鉴定体系，筛选通量小，只适合高突变率突变的筛选。其他研究人员也采用大肠杆菌利福平抗性基因突变筛选体系，虽然能够很好地研究基因组基因碱基置换突变，但不能较好地对插入、缺失、突变热点等突变进行研究，同时该筛选体系实验过程较 *lacI* 筛选体系复杂。*lacI* 基因在突变研究中已经积累了广泛的数据，可以进行的筛选通量较大，突变类型丰富，有突变热点，是研究大气压放电等离子体诱发突变机理的好途径。

4.2.2 实验条件

大肠杆菌 K12 W3110 野生型菌株（F-λ-）由 Kaj Frank Jensen 教授提供。LB 培养基和 minimal A 盐的配方按照 Miller 所述。Vogel-Bonner 盐配方稍作修改：每升含 0.2g MgSO$_4$·7H$_2$O，2.0g(NH$_4$)H$_2$PO$_4$，10.0g K$_2$HPO$_4$，2.8g 柠檬酸钠。Pgal 培养基在 Vogel-Bonner 盐中加入 75mg/L Pgal 和 15g/L 高纯琼脂糖。Xgal 培养基在 minimal A 盐中加入 1mmol/L MgSO$_4$，5μg/mL 硫胺，0.2%葡萄糖和 1.5% 琼脂。

将野生型 W3110 接种于 X-gal 鉴定平板上，37℃过夜培养。挑选 X-gal 鉴定平板上野生型白色菌落接种 LB 液体培养基，37℃过夜，振荡培养至稳定期。以 8000r/min 的转速离心 2min，收集过夜培养的稳定期野生型 W3110 大肠杆菌细胞，用 0.2mol/L PBS（磷酸缓冲盐溶液）洗两次，通过预实验选择合适的稀释度，取 0.1mL 菌液均匀涂于事先准备好的无菌玻璃平皿上，超净工作台中无菌风吹干（大约 10min），转移至冰袋上，备用。

将上述准备好的玻璃平皿在最短时间内进行高压电场处理或大气压放电等离子体诱变。高压电源输出为直流、交流（50Hz）、半波整流，处理平均场强为 0~6kV/cm，电极为平板和芒刺型，极距为 5cm，处理时间为 10min。处理后的样品立即放置冰上保存以消除温度影响和防止细胞分裂。在各处理样品皿中加入 1mL 0.2mol/L PBS（4℃冰箱中预冷冻），用无菌涂棒充分洗脱，转移至 1.5mL 离心管，进行倍比稀释（加 0.1mL 至 0.9mL 的 PBS 缓冲液中），选择合适稀释度分别涂 LB 平板和 P-gal 筛选平板，过夜和 72h 保湿培养后进行菌落计数。以对照组的存活率为 100%，各种电场处理剂量的存活率=该剂量的平均存活数/对照组的平均存活数；各剂量的突变率=该剂量的平均突变分数/该剂量的平均存活分数。

用无菌牙签挑起处理后，72h 保湿培养后 P-gal 平板上的可见菌落，在 0.1mL P-gal medium 中 37℃过夜扩增培养，选择合适稀释度涂于 X-gal 鉴定平板，37℃过夜培养，挑取深蓝色菌落于 LB 液体培养基扩增并保存备用（每个鉴定平板只挑一个菌落以保证所选突变子是唯一突变子）。

突变子经 LB 液体培养扩增，收集细胞，用基因组 DNA 试剂盒提取突变子 DNA（Genomic DNA Purification Kit，Promega）。提取的 DNA 在 1%琼脂糖凝胶上进行电泳鉴定。

从 NCBI 下载大肠杆菌 W3110 菌株的 *lacI* 基因及其两端 DNA 序列，用引物设计软件（Primer 5.0 or DNAman）并参照 T. Ono 等设计 PCR 引物：5′-GACACCATCGAATGGCGC-3′（primer 1），5′-TTCCCAGTCACGACGTTG-3′（primer 2）。PCR 反应采用 50μL 体系（Eppendorf Authorized thermal cycler：Mastercycler Gradient），反应条件如下：

反应缓冲液：5μL

MgCl$_2$ 溶液（25mmol/L）：4μL

dNTP 溶液（10μmol/L）：4μL

引物（20μmol/L）：各 1μL

DNA 聚合酶（宝生物 ^{ex}Taq）：0.5μL

模板 DNA 2μL

加 ddH$_2$O 至 50μL

95℃，2min 预变性；

30 个循环：94℃，1min；57℃，1min；72℃，1min；

72℃延长 10min。

PCR 产物经 1%琼脂糖凝胶电泳，用胶回收试剂盒（Axygen，Axyprep^{tm} DNA Gel Extraction Kit）纯化回收 PCR 产物，并用 1%琼脂糖凝胶电泳鉴定其纯度和浓度。

鉴定后的 PCR 纯化产物送大连宝生物（TaKaRa Dalian Corporation，Perkin-Elmer Applied Biosystems Model 377）进行双向测序。测序结果进行在线比对或软件（DNAstar）比对，野生型 W3110 的基因 Bank 号是：GenBank ACCESSION：NC000913。记录每个突变子的突变位点、突变类型，并核实突变的可信程度，剔除发生在测序不可信区的突变。

4.2.3　高压电场处理大肠杆菌的影响

用电场强度为 0、1.5kV/cm、3.0kV/cm、4.5kV/cm、6.0kV/cm 的高压直流、交流、半波整流平板电场处理大肠杆菌 K12，其存活率如图 4-1 所示。从图中我们可以看出，上述 3 种电场在低剂量（1.5kV/cm）处理时都表现为对大肠杆菌 K12 的刺激效应，其中直流平板电场最为明显,存活率达到 142%。随着电场剂量增大，3 种电场对大肠杆菌 K12 逐步变为抑制效应。其中也是直流平板电场的效应最为明显，在 4.5kV/cm 时，存活率达到极小值 62%。其他两种电场的存活率都在 80%以上。

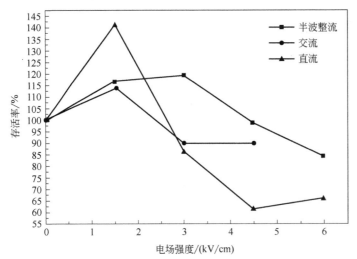

图 4-1　三种高压平板电场处理大肠杆菌的存活率

用电场强度为 0、1.5kV/cm、3.0kV/cm、4.5kV/cm、6.0kV/cm 的高压直流、交流、半波整流平板电场处理大肠杆菌 K12，其突变率如图 4-2 所示。

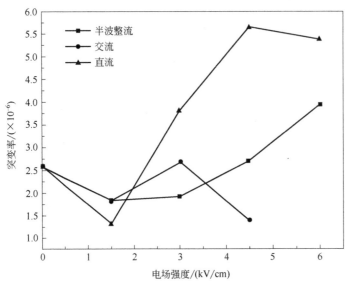

图 4-2　三种不同平板电场处理大肠杆菌的诱变率

从图中我们可以看出，由于以上 3 种电场在低剂量处理时都表现为对大肠杆菌 K12 的刺激效应，所以，电场处理组的突变率在 1.5kV/cm 时都小于对照组。随着电场剂量增大，半波整流平板电场对大肠杆菌 K12 诱变率变化不大，均未达到对照组的 2 倍。而交流平板电场的诱变效应很低，甚至在大部分剂量下都不会产生诱变效应。直流平板电场在 4.5kV/cm 时突变率达到极大值 5.8×10^{-6}，是对照组的 2.32 倍。所以，我们认为，高压直流、交流、半波整流平板电场对大肠杆菌具有一定的诱变效应，但是由于其诱变率最大是对照组的 2.3 倍左右，因此诱变效应不明显。

4.2.4 电晕放电等离子体处理对大肠杆菌的影响

电晕放电等离子体处理对大肠杆菌 W3110 存活率的影响见图 4-3。以 0 为干燥对照的存活率为 100%，其他各平均场强的存活率随剂量增加先降后升再降，在场强为 1kV/cm 时电晕放电等离子体处理大肠杆菌存活率最低，为 7.2%，在中高场强 2kV/cm、3kV/cm 时存活率分别为 13.2% 和 22.9%，存活率有所回升，在场强为 4kV/cm 的高剂量电晕放电等离子体处理时，存活率又有所下降，为 12.1%，表明电晕放电等离子体对大肠杆菌有低剂量辐射超敏感性（hyper-radiosensitivity，HRS）与诱导辐射抗性（induced or increased radioresistance，IRR）。

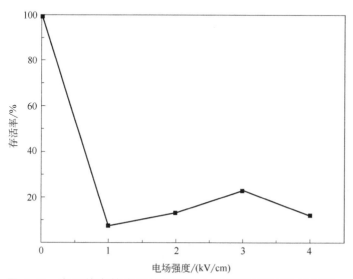

图 4-3 电晕放电等离子体处理对大肠杆菌 W3110 的影响

电晕放电等离子体处理对大肠杆菌 W3110 突变率的影响见图 4-4。0 为干燥对照，平均场强为 1kV/cm 处的电晕放电等离子体突变率为 $31.2×10^{-6}$，分别是干燥对照（$2.5×10^{-6}$）和自发突变（$1.2×10^{-6}$）的 12.48 倍和 26 倍，确定此场强为筛选突变子场强。场强为 2kV/cm、3kV/cm、 4kV/cm 处的突变率分别为 $14.9×10^{-6}$、$14.3×10^{-6}$、$15.3×10^{-6}$，干燥组的突变率是自发突变的 2 倍左右，说明干燥不仅对大肠杆菌的存活有影响，也引起一定的突变，但与电晕放电等离子体相比，其对突变的贡献不大。

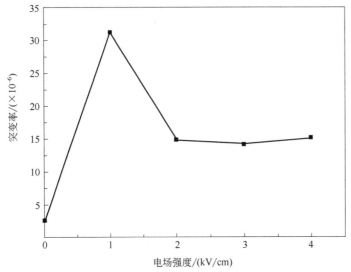

图 4-4 电晕放电等离子体处理对大肠杆菌 W3110 突变率的影响

图 4-5（a）为 72h 培养后 P-gal 上的突变子照片，（b）为经 X-gal 鉴定后的突变子照片。图 4-6（a）是提取突变子基因组 DNA 的 1%琼脂糖凝胶电泳结果，（b）是 PCR 得到的突变子 *lacI* 基因 1%琼脂糖凝胶电泳结果，（c）是 PCR 产物胶回收电泳结果，（d）是胶回收后电泳鉴定结果。

4.2.5 电晕放电等离子体诱发大肠杆菌 *lacI* 基因突变测序结果及分析

所有测序结果总结见表 4-1，其中自发突变引用 Murata-Kamiya N 在相同菌株上得到的结果。为了方便进行比较，本文引用绝对突变率概念，把相应突变位点的绝对突变率一并统计在表 4-1 中。每个位点的绝对突变率=相应

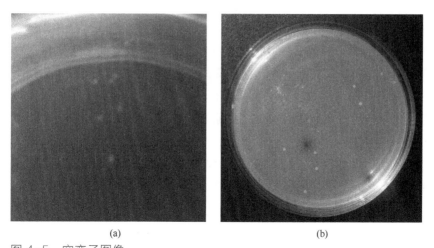

(a)　　　　　　　　　　　　　(b)

图 4-5　突变子图像

（a）72h 培养后 P-gal 上的突变子；（b）经 X-gal 鉴定的大肠杆菌菌落，白色为野生型，
蓝色为突变子

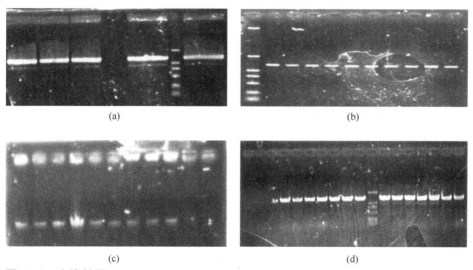

(a)　　　　　　　　　　　　　(b)

(c)　　　　　　　　　　　　　(d)

图 4-6　电泳结果

（a）突变子提取 DNA 的 1%琼脂糖凝胶电泳结果（点样量 2μL）；（b）突变子 *lacI* 基因 PCR 电泳
结果（模板 DNA 量为 2μL）；（c）胶回收电泳（点样量 45μL）；（d）突变子 *lacI* 基因 PCR 胶回收
电泳鉴定结果（点样量 1μL）

突变位点百分比×相应的突变率。从表 4-1 可以看出：

　　① 自发突变的主要类型是±TGGC，占所有突变类型的 82%，此位点是
lacI 基因的突变热点，位于 593～604 处，此处 TGGC 重复 3 次，其他突变

类型包括碱基置换（10%）和多碱基缺失（6%）。

② 电晕放电等离子体处理组几乎包含 *lacI* 基因的所有的突变类型，包括突变热点+TGGC 或-TGGC，占所有突变类型的 26%，碱基置换占 57%，单碱基插入占 4%，单碱基删除占 9%，没有发现多碱基缺失和 IS1 插入。与自发突变相比，碱基置换和单碱基插入、删除显著增加，而突变热点+TGGC 或-TGGC 的突变相应减少。

③ 大气压放电等离子体处理组在 *lacI* 基因 63～343 处出现长度为 280bp 的大片段缺失，这是以前没有发现的，是否为电晕放电等离子体处理引起的独特突变类型，有待进一步研究。

④ 从表 4-1 也可以看出，在自发突变组中，多碱基插入为 2%，而多碱基删除为 6%，没有单碱基插入删除现象；在电晕放电等离子体处理组中，单碱基插入占 4%，单碱基删除占 9%，多碱基插入为 0，多碱基删除为 5%，同时还有放电等离子体引起的 280bp 大片段缺失。从此突变谱也可以看出细菌基因组进化过程中偏爱于删除这一现象。

表 4-1　电晕放电等离子体处理诱发的 *lacI* 基因突变谱与自发突变谱的比较

突变类型	电晕放电等离子体诱变			自发突变		
	数量	占比/%	绝对突变率/10^{-6}	数量	占比/%	绝对突变率/10^{-6}
碱基置换	30	57	17.78	5	10	0.15
G：C to A：T	9	17	5.3	1	2	0.03
G：C to T：A	6	11	3.43	3	6	0.09
G：C to C：G	1	2	0.62	1	2	0.03
A：T to C：G	3	6	1.87	0	0	0
A：T to G：C	0	0	0	0	0	0
A：T to T：A	11	21	6.55	0	0	0
单碱基插入	2	4	1.25	0	0	0
G：C	1	2	0.62	0	0	0
A：T	1	2	0.62	0	0	0
单碱基删除	5	9	2.81	0	0	0
G：C	2	4	1.25	0	0	0

突变类型	电晕放电等离子体诱变			自发突变		
	数量	占比/%	绝对突变率/10^{-6}	数量	占比/%	绝对突变率/10^{-6}
A∶T	3	6	1.87	0	0	0
多碱基插入	0	0	0	1	2	0.03
多碱基删除	2	4	1.25	3	6	0.09
+TGGC	9	17	5.3	38	71	1.065
-TGGC	5	9	2.81	6	11	0.165
总计	53			53		

每个突变位点在 *lacI* 基因中的位置、突变类型、相应氨基酸变化及相邻碱基序列见表 4-2。电晕放电等离子体处理引起 *lacI* 基因单碱基突变位点分布见图 4-7。

表 4-2　电晕放电等离子体处理引起 *lacI* 基因的突变位点及蛋白变化

突变类型	位置	碱基序列			氨基酸变化
GC to AT	660	GAC	TG*G*	AGT	Trp to stop（无义突变）
	871	AAA	*C*AG	GAT	Gln to stop
	380	TAT	C*C*G	CTG	Pro to Leu
	559	GCG	*G*GC	CCA	Gly to Ser
	631	ATT	*C*AG	CCG	Gln to stop
	163	CAA	*C*AA	CTG	Gln to stop
	3	AAT	GT*G*	AAA	Val to Val
	178	AAA	*C*AG	TCG	Gln to stop
	313	GTC	*G*AA	GCC	Glu to Lys
AT to TA	185	TCG	T*T*G	CTG	Leu to stop
	728	ATG	C*T*G	GTT	Leu to Gln
	125	GCG	A*T*G	GCG	Met to Lys
	612	AAA	TA*T*	CTC	Tyr to stop
	139	AAT	*T*AC	ATT	Tyr to Asn
	73	GTG	*A*AC	CAG	Asn to Tyr
	858	CCG	TT*A*	ACC	Leu to Phe
	322	TGT	*A*AA	GCG	Lys to stop
	356	CGC	G*T*C	AGT	Val to Asp
	113	AAA	G*T*G	GAA	Val to Glu

突变类型	位置	碱基序列			氨基酸变化
GC to CG	92	GTT	T*C*T	GCG	Ser to Cys
AT to CG	44	GGT	G*T*C	TCT	Val to Gly
	144	TAC	AT*T*	CCC	Ile to Met
	902	AGC	G*T*G	GAC	Val to Gly
GC to TA	763	ATG	*C*GC	GCC	Arg to Ser
	230	CCG	T*C*G	CAA	Ser to stop
	88	CAC	G*T*T	TCT	Val to Phe
	158	GTG	G*C*A	CAA	Ala to Glu
	649	CGG	G*A*A	GGC	Glu to stop
	983	AAA	A*C*C	ACC	Thr to Asn
单碱基插入	827	GAT	AC*C*C	GAA	frameshift（移码突变）
	331	GCG	GCG*T*	GTG	frameshift
单碱基删除	675	TCC	GG*T*	TTT	frameshift
	54	TAT	CA*G*	ACC	frameshift
	753	GCG	CT*G*	GGC	frameshift
	107	CGG	G*A*A	AAA	frameshift
	978	AAA	AG*A*	AAA	frameshift
多碱基删除	590~591	CTG	C*GT*	CTG	frameshift
	61~343				frameshift
TGGC	593~604				frameshift

4.2.6 电晕放电等离子体处理诱发的 *lacI* 基因突变分子机制

自发突变率为 1.2×10^{-6}，当针阵列-板间平均场强为 1kV/cm 时电晕放电等离子体诱发大肠杆菌突变率为 31.2×10^{-6}，分别是干燥对照（2.5×10^{-6}）和自发突变（1.2×10^{-6}）的 12.48 倍和 26 倍，干燥对照的突变率为 2.5×10^{-6}，干燥对照的突变率只是自发突变率的 2 倍。充分说明电晕放电等离子体处理过程前的干燥对电场生物效应的贡献不大，其生物效应主要是电晕放电等离子体处理的结果。

从表 4-1 的结果可以看出，电晕放电等离子体处理可以诱导大肠杆菌 *lacI*

基因几乎所有的突变类型，包括各种类型的单碱基置换、单碱基插入、单碱基缺失、多碱基插入和缺失、*lacI* 基因突变热点突变等常见突变类型。特别需要注意的是，大气压放电等离子体处理组在 *lacI* 基因 63～343 处出现长度为 280bp 的大片段缺失，这是以前没有发现的。这一结果充分说明电晕放电等离子体诱导大肠杆菌 *lacI* 基因的突变谱非常广。

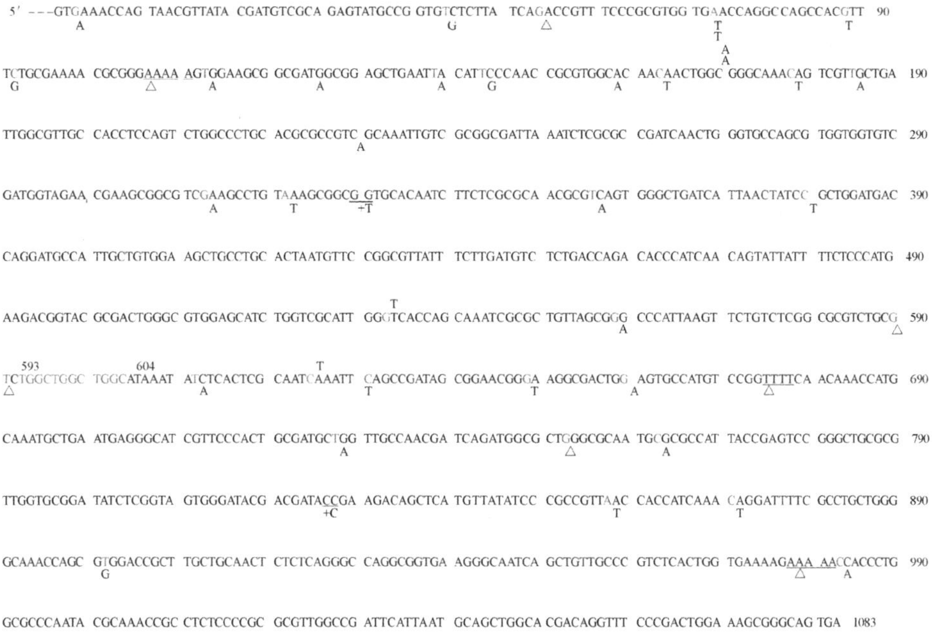

```
                                                                          T
5′---GTGAAACCAG TAACGTTATA CGATGTCGCA GAGTATGCCG GTGTCTCTTA TCAGACCGTT TCCCGCGTGG TGAACCAGGCCAGCCACGTT  90
         A                                                    G       △               T            T
                                                                                                   A

TCTGCGAAAA CGCGGGAAAA AGTGGAAGCG GCGATGGCGG AGCTGAATTA CATTCCCAAC CCGGTGGCAC AACAACTGGC GGGCAAACAG TCGTTGCTGA  190
     G              △      A           A                 A          A         G       A        T     T    A

TTGGCGTTGC CACCTCCAGT CTGGCCCTGC ACGCGCCGTC GCAAATTGTC GCGGCGATTA AATCTCGCGC CGATCAACTG GGTGCCAGCG TGGTGGTGTC  290
                                    A

GATGGTAGAA CGAAGCGGCG TCGAAGCCTG TAAAGCCGCG GTGCACAATC TTCTCGCGCA ACGCGTCAGT GGGCTGATCA TTAACTATCC GCTGGATGAC  390
              A          T        =T                                       A                        T

CAGGATGCCA TTGCTGTGGA AGCTGCCTGC ACTAATGTTC CGGCGTTATT TCTTGATGTC TCTGACCAGA CACCCATCAA CAGTATTATT TTCTCCCATG  490

                                              T
AAGACGGTAC GCGACTGGGC GTGGAGCATC TGGTCGCATT GGGTCACCAG CAAATCGCGC TGTTAGCGGG CCCATTAAGT TCTGTCTCGG CGCGTCTGCG  590
                                              A                                                         △

   593              604
TCTGGCTGGC TGGCATAAAT ATCTCACTCG CAATCAAATT CAGCCGATAG CGGAACGGGA AGGCGACTGG AGTGCCATGT CCGGTTTTCA ACAAACCATG  690
  △                A             T                        T      T        T        A

CAAATGCTGA ATGAGGGCAT CGTTCCCACT GCGATGCTGG TTGCCAACGA TCAGATGGCG CTGGGCGCAA TGCGCGCCAT TACCGAGTCC GGGCTGCGCG  790
                                                                  △

TTGGTGCGGA TATCTCGGTA GTGGGATACG ACGATACCGA AGACAGCTCA TGTTATATCC CGCCGTTAAC CACCATCAAA CAGGATTTTC GCCTGCTGGG  890
                  +C                      T                                            T

GCAAACCAGC GTGGACCGCT TGCTGCAACT CTCTCAGGGC CAGGCGGTGA AGGGCAATCA GCTGTTGCCC GTCTCACTGG TGAAAGAAA AACCACCCTG  990
           G                                                                               △  A

GCGCCCAATA CGCAAACCGC CTCTCCCCGC GCGTTGGCCG ATTCATTAAT GCAGCTGGCA CGACAGGTTT CCCGACTGGA AAGCGGGCAG TGA  1083
```

图 4-7　电晕放电等离子体处理引起 *lacI* 基因单碱基突变位点分布图

自发突变（Murata Kamiya）显示在序列上方，电晕放电等离子体诱导的突变显示在序列下方。碱基对替换用单个字母表示。单碱基加法用+表示，后跟碱基字母。单基删除用三角形表示。当一组相同碱基中发生添加或删除时，相关核苷酸会加下划线。5′-TGGC-3′序列增加或删除的突变热点位于 593～604 位

在表 4-3 中，是根据目前已发表的成果中不同诱变剂对大肠杆菌 W3110 的诱变效果比较，电晕放电等离子体在几种常见的诱变剂中表现出"低损伤，高突变"的优势。特别是与板-板电极结构类高压电场相比，这种优势更明显，因为电晕放电等离子体作用于生物或大分子，既有电晕放电产生等离子体的直接物理刻蚀作用，又有等离子体活性成分的间接作用和电场的作用。

表 4-3　不同物理诱变技术对大肠杆菌 W3110 的诱变效果比较

诱变剂	诱变参数	存活率/%	突变率	突变倍数
放电等离子体	交流，针阵列-板，50Hz，6kV，6cm，10min	7.2	$31.2×10^{-6}$	12.48
高压匀强电场	直流，板-板，12kV，3cm，2min	7.8	$13.7×10^{-6}$	5.47
高压高频电场	交流，板-板，4kHz，12kV，3cm，6min	4.8	$17.9×10^{-6}$	7.36
低能离子注入	10keV，N^+，$31.2×10^{14}$ ions/cm^{-2}	2.0	$26.3×10^{-6}$	10.52
甲萘醌	400μmol/L，冰浴 30min，42℃ 2min，冰浴 2min，37℃ 45min	20	$100×10^{-6}$	40
乙二醛	300μg/mL，37℃ 60min	2.5	$97×10^{-6}$	38.8

对于其他的物理诱变因子来说，比如伽马射线、低能离子束等均被认为间接作用是导致细胞基因突变的主要原因，包括自由基的产生和加合物的形成。T. Ono 等用甲萘醌处理野生型大肠杆菌 W3110 和 QC772（*sodA'-lacZ*，*sodB*⁺），并对 *lacI* 突变子进行测序，研究了甲萘醌诱导细菌突变的机理。结果 QC772 的 *β*-半乳糖苷酶表达随甲萘醌处理剂量的增加而增加，呈剂量依赖型，说明甲萘醌诱导大肠杆菌细胞内过氧化物的增加，认为甲萘醌对大肠杆菌的诱变作用主要是通过诱导产生过氧化物继而产生自由基的结果。N. Murata-Kamiya 等同样用野生型大肠杆菌 W3110，研究乙二醛（一种 DNA 的氧化产物）诱导 *lacI* 基因的突变机理。大气压放电等离子体的主要诱变机理是什么到目前为止尚未见报道。为了探讨电晕放电等离子体诱导大肠杆菌突变的机理，表 4-4 比较了不同类型电场、甲萘醌、乙二醛、低能氮离子及γ射线和大气压电晕放电等离子体诱导的大肠杆菌 *lacI* 基因的突变谱。结果显示，甲萘醌、乙二醛、低能氮离子处理组单碱基置换、单碱基插入或缺失、+TGGC 或-TGGC 三大类突变的比例很接近，而大气压放电等离子体处理组与以上 3 种诱变剂诱导的突变谱有很大不同，这说明大气压放电等离子体诱导大肠杆菌 *lacI* 基因的突变机理与甲萘醌、乙二醛、离子注入的诱变机理不同，而甲萘醌、乙二醛对大肠杆菌的作用主要是由于其产生的自由基，说明大气压放电等离子体处理引起大肠杆菌 *lacI* 基因突变的主要原因不是由于间接作用诱发自由基引起的突变。

γ射线辐射大肠杆菌基因组和质粒 *lacI* 基因的突变谱已有很多报道。本文比较了大气压放电等离子体处理和γ射线辐射 *lacI* 基因突变谱，虽然大气压放电等离子体处理组与γ射线辐射组引起碱基置换的比例比较接近，但是对于大气压放电等离子体处理组，碱基置换发生在 A：T 位点的为 47%，发生在 G：C 位点的为 53%。而γ射线辐射引起的碱基置换在 A：T 位点为 24%，发生在 G：

C 位点的为 76%。这一结果说明这两种诱变剂诱变机制仍然有一定的区别。

表 4-1 的结果显示，电晕放电等离子体处理组与自发突变组之间最大的不同是电晕放电等离子体组的碱基置换增加，所占比例增加 5.5 倍，绝对突变率增加 114 倍，尤其是 G∶C to A∶T 的突变比例增加 8.5 倍，绝对突变率增加 176.7 倍；此外，电晕放电等离子体组还发现了自发突变组中没有发现的 A∶T to T∶A 的颠换和 280bp 的大片段缺失。已有的研究认为染色体 DNA 受到严重损伤时细胞会发生 SOS 反应，SOS 反应是细菌的一种错配修复反应，因而引起突变率的增加，并引起 G∶C to A∶T 和 A∶T to T∶A 突变的增加。本文电晕放电等离子体处理组的结果与以上这些研究结果极其相似，说明电晕放电等离子体处理可能通过诱导大肠杆菌 SOS 反应而产生突变。

表 4-4　不同诱变剂引起的 *lacI* 基因突变谱

突变类型	电晕放电	高压匀强电场	高压高频电场	低能离子注入	γ 射线	甲萘醌	乙二醛	CK
碱基置换	30（57%）	27（34%）	28（35%）	19（33%）	74（55%）	18（33%）	37（35%）	7（27%）
GC to AT	9（17%）	9（11%）	8（10%）	6（10%）	26（19%）	5（9%）	17（16%）	1（4%）
AT to GC	0（0%）	2（3%）	0（0%）	5（9%）	6（5%）	2（4%）	2（2%）	5（19%）
GC to CG	1（2%）	1（1%）	3（4%）	3（5%）	4（3%）	2（4%）	1（1%）	0（0%）
GC to TA	6（11%）	11（14%）	10（13%）	3（5%）	26（19%）	4（7%）	11（10%）	0（0%）
AT to TA	11（21%）	2（3%）	5（6%）	2（3%）	10（8%）	2（4%）	2（2%）	1（4%）
AT to CG	3（6%）	2（3%）	2（3%）	1（2%）	2（2%）	3（6%）	4（4%）	0（0%）
单碱基插入/删除	7（13%）	3（4%）	6（8%）	7（12%）	20（15%）	6（11%）	13（12%）	0（0%）
多碱基插入/删除	1（2%）	2（3%）	4（5%）	3（5%）	13（10%）	0（0%）	4（4%）	1（4%）
+TGGC	9（17%）	30（37%）	31（39%）	26（45%）	14（10%）	28（52%）	46（43%）	10（38%）
-TGGC	5（9%）	17（21%）	11（14%）	2（3%）	5（4%）	1（1%）	7（7%）	8（31%）
结构变异	1（2%）	1（1%）	0（0%）	1（2%）	0（0%）	0（0%）	0（0%）	0（0%）
合计	53（100%）	80（100%）	80（100%）	58（100%）	135（100%）	53（100%）	107（100%）	26（100%）

4.3 小结

本章研究了不同大气压放电等离子体处理对大肠杆菌细胞突变率和存活率的影响，比较了自发突变和电晕放电等离子体处理对大肠杆菌基因组基因 *lacI* 的突变谱，并与其他诱变剂诱发的突变谱进行比较，得到以下结果：

① 高压直流、交流、半波整流平板电场处理大肠杆菌 K12，3 种电场在低剂量（1.5kV/cm）处理时都表现为对大肠杆菌 K12 的刺激效应，随着电场剂量增大，3 种电场对大肠杆菌 K12 逐步变为抑制效应。其中直流平板电场的效应最为明显。

② 高压直流、交流、半波整流平板电场处理大肠杆菌 K12，交流和半波整流平板电场对大肠杆菌 K12 诱变率变化不大，均未达到对照组的 2 倍。直流平板电场在 4.5kV/cm 时，突变率达到极大值 5.8×10^{-6}，是对照组的 2.32 倍。所以，我们认为高压直流、交流、半波整流平板电场对大肠杆菌具有一定的诱变效应，但是其诱变效应不明显。

③ 电晕放电等离子体对大肠杆菌有低剂量辐射超敏感性。在场强为 1kV/cm 处的突变率为 31.2×10^{-6}，分别是干燥对照（2.5×10^{-6}）和自发突变（1.2×10^{-6}）的 12.48 倍和 26 倍，说明电晕放电等离子体作为一种诱变剂具有损伤低、诱变率高的特点，是一种很好的诱变剂。

④ 电晕放电等离子体处理组与甲萘醌、乙二醛、低能氮离子引起 *lacI* 的突变谱有很大不同，所以我们认为电晕放电等离子体诱变机制不是间接作用引发的自由基引起的，同时与γ射线的诱变机制也有所不同。

⑤ 电晕放电等离子体处理组的突变谱与 SOS 反应产生的突变谱有明显相似的地方，本文认为电晕放电等离子体对大肠杆菌的诱变是其导致大肠杆菌 SOS 反应引起的。

⑥ 电晕放电等离子体诱发 *lacI* 的突变谱中有一个长达 280bp 的大片段缺失突变，这在以前的研究中是没有报道过的，同时从单碱基插入/缺失以及多碱基插入/缺失的发生比例也可以看出细菌基因组进化偏爱于删除。

参考文献

[1] Miller J H. Experiments in molecular genetics [M]. New York：Cold Spring Harbor

Laboratory，1972.

［2］Miller J H. A short course in bacteria genetics［M］. New York: Cold Spring Harbor Laboratory，1992.

［3］Ono T，Negishi K，Hayatsu H. Spectra of superoxide-induced mutations in the *lacI* gene of a wild-type and a *mutM* strain of *Escherichia coli* K-12［J］. Mutation Research，1995，326（2）：175-183.

［4］Murata-Kamiya N，Kamiya H，Kaji H，et al. Mutational specificity of glyoxal，a product of DNA oxidation，in the *lacI* gene of wild type *Escherichia coli* W3110［J］. Mutation Research，1997，377（2）：255-262.

［5］Murata-Kamiya N，Kamiya H，Iwamoto N，et al. Formation of a mutagen，glyoxal from DNA treated with oxygen free-radicals［J］. Carcinogenesis，1995，16（9）：251-253.

［6］Sargentini N J，Smith K C. DNA sequence analysis of spontaneous and γ-radiation（anoxic）-induced lacId mutations in *Escherichia coli* umuC122：：Tn5 differential requirement for umuC at G. . C vs A. T sites and for the production of transversions vs. transitions［J］，Mutation Research，1994，311：175-189.

［7］Glickman B W，Rietveld K，Aaron C S. γ-ray induced mutational spectrum in the *lacI* gene of *Escherichia coli*，comparison of induced and spontaneous spectra at molecular level［J］. Mutation Research，1980，69：1-12.

［8］Wijker C A，Wientjes N M，Lafleur M V M. Mutation spectrum in the lacI gene，induced by γ-radiation in aqueous solution under oxic conditions［J］. Mutation Research，1998，403：137.

［9］Wijker C A，Lafleur M V M，Steeg H V，et al. γ-Radiation-induced mutation spectrum in the episomal *lacI* gene of *Escherichia coli* under oxic conditions［J］. Mutation. Research，1996，349（2）：229-239.

［10］Wijker C A，Lafleur M V M. Influence of the UV-activated SOS response on the γ-radiation-induced mutation spectrum in the lacI gene［J］. Mutation Research，1998，408（3）：195-201.

［11］Yoshinori Tanaka，Yoh M，Takeda Y，et al. Induction of mutation in Escherichia coli by freeze-drying［J］. Appl. Environ. Microbiol. 1979，37（3）：369-372.

［12］Shoji Asada，Takano M，Shibasaki Isao. Mutation induced by drying of Escherichia coli on a hydrophobic filter membrane［J］. Applied and Environmental Microbiology 1980，40（2）：274-281.

［13］Miller J H，Low K B. Specificity of mutagenesis resulting from the induction of the SOS system in the absence of mutagenic treatment［J］. Cell，1984，37（2）：675-682.

［14］Yatagai F，Michael J，Low H，et al. Specificity of SOS mutagenesis in native M13*lacI* phage［J］. Journal of Bacteriology，1991，173（24）：7996-7999.

［15］谷卓，那日，石薇，等. 高压电晕电场对黄霉素产生菌诱变效应［J］. 核农学报，

2012，26（5）：740-745.

［16］王云龙，白爱枝，宋智青，等. 不同高压电场对大肠杆菌诱变效应的比较［J］. 核农学报，2018，32（1）：14-21.

［17］宋智青，罗辽复，梁运章. 高压芒刺静电场对大肠杆菌 K12 诱变效应初步研究［J］. 北京理工大学学报，2009，29（S2）：93-95.

［18］白爱枝，李瑞云，王新雨，等. 高压静电场对大肠杆菌的生物学效应［J］. 高电压技术，2016，42（8）：2534-2539.

［19］宋智青，丁昌江，栾欣昱，等. 高压电晕电场生物效应研究评述［J］. 核农学报，2019，33（1）：69-75.

［20］Tang M L，Wang S C，Wang T，et al. Mutational spectrum of the *lacI* gene in *Escherichia coli* K12 induced by low-energy ion beam［J］. Mutation Research，2006，602（1）：163-169.